诗酒趁年华 洒脱趁当下

放弃也是一种获得

主编 拾 月
编著 陈志华

图书在版编目（C I P）数据

诗酒趁年华 洒脱趁当下：放弃也是一种获得 / 陈志华编著. -- 北京：现代出版社, 2014.10 （2024.4重印）
ISBN 978-7-5143-2786-1

Ⅰ. ①诗… Ⅱ. ①陈… Ⅲ. ①人生哲学－青少年读物 Ⅳ. ①B821-49

中国版本图书馆 CIP 数据核字(2014)第 236602 号

诗酒趁年华 洒脱趁当下：放弃也是一种获得

主　　编　拾　月
编　　著　陈志华
责任编辑　王敬一
内文制作　诚美天下文化传播有限公司
出版发行　现代出版社
地　　址　北京市安定门外安华里 504 号
邮　　编　100011
电　　话　（010）64267325
传　　真　（010）64245264
邮　　箱　xiandai@cnpitc.com.cn
网　　址　www.1980xd.com
印　　刷　唐山富达印务有限公司
开　　本　700mmx1000mm　1/16
印　　张　9
版　　次　2014 年 8 月第 1 版　2024 年 4 月第 4 次印刷
书　　号　ISBN 978-7-5143-2786-1
定　　价　57.00 元

前言

青少年是社会的宝贵财富，是人类的希望和未来，正所谓“少年强则国强”。为此，大至一个国家、一个民族，小至一个家庭、一个家族，都特别重视青少年的教育问题。希望他们成为社会的中坚，家族的骄傲。一句话，就是希望他们成为成功的人。于国，能成为有用的人才；于家，能成为顶梁柱。不仅仅要学习好，还要有辨别人世间善、恶、美、丑的能力。在每个人的人生中，除了需要自身的因素之外，还需要拥有感受世界的能力。

包容、快乐，是旅途之中的包囊，时刻给予我们心灵的养分。

自责、抚慰，是对那些过往的积淀、筛选，去其糟粕，取其精华。

简约、坚持，是对人生最大的尊重，是对生命最好的诠释。

放弃、放下，是心灵深处的温度计，是心灵最惬意的悠然假期。

完美、舍得，是对生命、对梦想、对人生的终极追求。

青春，是人最美好的一段时光，也是人格、性格定型的重要阶段，在这个时期，我们需要享受青春的快乐，同时也需要完成自我塑造。通过心理自助，最终从一个小男生、小女生逐渐成长为一个有着健全人格的人，成长为一个对社会、对家庭、对自我有着相对完整认知的人，成长为能够为自己的未来做主的人。这才是一个最充实、最有价值的青春。每个梦想都值得我们认真对待，每个青少年都是未来的希望。在青春中我们不仅要有欢乐，同时也要拥有未来！

本丛书是你化解烦恼的“心灵鸡汤”，可以给你快乐的心理自助；本丛书会让你认识到：掌控心理，方能掌控世界；改变自己，才能改变一切。本丛书还将告诉你：只有实现积极的心理自助，才能收获快乐而充实的青春。

目录

第一篇 正视放弃：放弃并不代表一出戏的落幕

第二篇 放下包袱：心若洒脱,处处都是旖旎风光

第三篇 摒弃弱点：一个转身就能体会遗失的美好

目录

第四篇 坚持原则：华彩人生无需妥协至尘埃里

第五篇 顾全大局：学会在一念间进行灵活取舍

第一篇

正视放弃：放弃并不代表一出戏的落幕

老子曾经说过：“五色令人目盲；五音令人耳聋；五味令人口爽；驰骋畋猎令人心发狂；难得之货令人行妨。”该放弃的时候放弃，是一种人生大智慧，面对纷繁复杂的人生，我们应当学会知其可为而为之，知其不可而弃之。

放弃的同时也是一种获得

故事话题

厦门大学新闻传播学院成立时，邀请了原著名央视主持人杨澜给厦大学子开了一场精彩的讲座。当有人问她选择在事业的顶峰毅然去外国读书是不是一种心计时，杨澜讲了她所经历的一件事。

一年春节晚会，共有六名主持，多遍彩排之后，有一位主持的大姐，导演组突然决定不用了。但又没人去通知她。第二天，当那位大姐兴冲冲地拿着礼服来到化妆间时，化妆师告诉她名单上没有她的名字，结果那位大姐黯然神伤地走了。当时杨澜就坐在一旁，这件事对她的触动很大。她通过这个主持大姐所遭遇的“命运”似乎看到了自己的未来。

从那以后，那位主持大姐黯然神伤地离开春晚会场的那一幕深深地印在了杨澜的脑海里，她同情那位大姐，为台里导演不近人情的做法反感，因为她认为如果你觉得这位主持大姐不适合做主持，你可以通知到她并做好她的安慰工作，就不会出现这样尴尬的局面。这位主持大姐为台里作出了很大的贡献，也曾主持过很多重要的节目，然而这么深重的伤害仍然降临到了她的身上，杨澜怎么也想不通。她开始感到了世事无常，开始感到了来自生活的恐惧。她曾经历了好几个不眠之夜。她想，现在我正红时，人人都争着要我上栏目；如果有一天我走到才枯气竭的时候，我不是照样地任人挑来挑去难逃这样的命运吗?于是杨澜开始为自己躲避遭受那位大姐那样的伤害而积极地准备着一条退路。

选择放弃也不是一件容易的事，特别是她正处在事业蒸蒸日上的时候。杨澜在这之前工作是很顺利的，她 1990 年北京外国语学院毕业后就直接进了中央电视台，担任《正大综艺》节目主持人，这个节目她从 1990 年一直做到 1994 年。在这个节目中，杨澜那种充满睿智清新的主持风格给观众留下了深刻的印象。她于 1994 年获中国第一届主持人“金话筒奖”。这对于一个刚刚参加工作的主持人来说，在这么短的时间内取得如此骄人的成绩，实在是难能可贵，同行都向她投来了羡慕的眼光。然而在这个时候选择离开就算自己能说服自己，可是父母会同意吗?朋友会理解吗?这一系列的问题让她内心一度十分矛盾和痛苦。经过一段时间的深思熟虑，杨澜终于下定了决心要急流勇退。因为她深深明白：人要更好地生存就得牢牢地站稳脚跟，不能沉迷在鲜花和掌声中，要不断地去寻找新的成长方向。于是她毅然地在自己最红的时候选择了离开央视去美国哥伦比亚大学国际及公共事务学院攻读国际事务硕士学位。

杨澜三年留学回来后，加盟香港凤凰卫视中文台，开创名人访谈类节目《杨澜工作室》，并担任制片人和主持人。2000 年，她创办了大中华区第一个以历史文化为主题的“阳光卫视”卫星频道，出任阳光媒体投资控股有限公司主席。2001 年，杨澜应邀出任北京申办 2008 年奥运会的形象大使；同年七月，在莫斯科国际奥委会会议上代表北京作申奥的文化主题陈述，她的精彩表现赢得了与会专家的高度评价，为我国赢得 2008 年的奥运主办权立下了汗马功劳。

从杨澜的发展来看，她选择在当红的时候离开央视是明智的，也正因为她勇敢地选择了放弃，她才有时间去苦练内功，才有了后来她发展的更大空间，才取得了现在骄人的成绩。其实放弃并不是简单地扔掉，而是为下一次出发积蓄更大的能量，为新的目标找准方向。

故事解析

杨澜在她的《凭海临风》一书中，曾写到了乘热气球的经历。热气球的操作员能做的只是调整气球的高度以捕捉不同的风向，而气球的具体航线和落点，就只能听天由命了。这正是乘坐热气球的魅力所在：有控制的可能性，又保留了不确定性，所以比任何精确设定的飞行都来得刺激。“其实人生的乐趣也是如此，全在这定与不定之间。”

的确，放弃的同时也是一种获得。并不是所有的放弃都仅仅代表失去，放弃的同时也必然是一种收获。我们放弃玩电子游戏，把时间放到学习上，必然会获得更好的学习成绩。我们放弃自私自利的贪欲，默默无闻地给予给他人一些帮助，我们必然也会得到更多的尊重和赞誉。这时候的放弃是一种高尚的选择，这种放弃让我们获得了更加完美的人生。

故事穿越

故事一：

陶渊明曾任江州祭酒，建威参军，镇军参军，彭泽县令等职务，在任职彭泽县令八十多天便弃职而归隐田园。放弃了尔虞我诈的官场，获得了“采菊东篱下，悠然见南山”的闲适。

故事二：

杨振宁在学习实验物理时，因为收效甚微，接受导师的建议，毅然放弃实验物理，重新选择了理论物理，最终获得重大突破并成了诺贝尔奖得主。放弃，使他回到了起点的同时却又使他踏上了一条更远的路。

故事三

亚伯拉罕·林肯，美国政治家、思想家、黑人奴隶制的废除者、第十六任美国总统，林肯少年家境贫困，9岁时母亲去世，生活的磨难使林肯养成了沉稳忧郁的性格。成年后林肯通过自学成为博学智慧之人，37岁被选为美国众议员，51岁当选为美国第十六任总统。

故事微语

故事一："采菊东篱下，悠然见南山"的陶渊明，在世俗与隐归中毅然选择了后者。心似琉璃，淡泊名利，在一片田园中收获了自己放弃功名的果实，就那样"晨兴理荒秽，带月荷锄归"自由自在的度过了自己的人生，我们难道说，那不是另一种拥有吗？不是放弃后的另一份不同形式的人生礼物吗？

故事二：有时候，放弃并不代表退宿懦弱，而是为了更好的前进。放弃和拥有是既对立又统一的，你在放弃一样东西的同时，必然也就会有所得到。你在此刻拥有了某样东西，也就意味着你将放弃了另一样东西。

故事三：生下来就一无所有的林肯，在奋斗的路上不断地跌倒，他也曾经绝望至极，但他还是一次次地爬了起来。林肯在竞选参议员落败后也曾说过这样一句话："此路艰辛而泥泞。我一只脚滑了一下，另一只脚也因此站不稳，但我缓口气，告诉自己，这不过是滑了一跤，并不是死去而爬不起来。"

心灵箴言

将欲取之，必先予之。

——老子

舍得，舍得，有舍才有得。

——易经

在人生的大风浪中，我们常常学船长的样子，在狂风暴雨之下把笨重的货物扔掉，以减轻船的重量。

——[法] 巴尔扎克

放弃，是凌霜傲雪般的智慧

故事话题

1998年，著名作家毕淑敏成了一名心理学研究生。经过几年的刻苦学习，到了2003年，她离拿到心理学博士学位的日子越来越近了，但她前思后想之后，最终决定放弃。这使许多人感到意外和不解。

毕淑敏冷静地说："因为我不能去考外语、写论文。我担心一个几十万字的心理学博士论文写下来，我可能就不会写小说了。因为风格不一样，思维的训练也不一样。考外语，是一个死功夫。我想，生命对我这个年过五十的人来说是那么宝贵，不值得拿出半年时间专门去念外语，去应对考试。"

毕淑敏在放弃了争取心理学博士学位之后，在北京开设了一家心理咨询中心。她认为，这是"助人和自助的工作"，是自己极有兴趣探索的有价值的事情。事实证明，毕淑敏因此赢得了大家更多的尊重。

故事解析

放弃是一种凌霜傲雪般的智慧，它懂得舍小而保大，懂得选择最正确的那一个。如果马洛里不舍得放弃一只手臂，那么，他失去的将是一条生命。一只手臂固然十分宝贵，但是它相对于一条生命而言，孰轻孰重，如何取舍，便显而易见了。

智者曰：两弊相衡取其轻，两利相权取其重。放弃难以承担的负担，方能解开心灵的枷锁；放弃贪小便宜的心态，方能成就大气凛然的自己；放弃纤巧的诡辩，方能得到别人的欣赏和尊重；放弃虚伪的矫饰，方能赢得真挚的感情。

故事穿越

故事一：

居里夫人的客厅里的陈设特别简单，只有一张简单的餐桌和两把旧椅子。她说："我生活中永远是追求安静的工作和简单的生活。"为了搞好科学研究，她放弃了很多，包括朋友间的交往。把更多的时间和精力投入到她为之奋斗的事业中，因此也获得了巨大的成就。居里夫人不图享受，不追求生活的安逸，这种放弃是她人生最精彩的诠释。

故事二：

黑龙江一位小男孩在森林里不小心被毒蛇咬伤了腿，而此时他的身边没有任何可利用的有用药品，于是他咬紧牙关毫不犹豫挥刀向受伤的腿砍下去。腿和生命，勿庸置疑都重要，但在关键时刻，他懂得放弃局部来保住整体，放弃相对次要的东西来保住相对重要的东西。

故事微语

故事一：

该放弃的时候敢于放弃，实在是一种人生智慧。把钱财、名利、地位看得淡一些，这些身外之物实在没必要看得太重，顺其自然，就不会将有限的时间搅到无限的名利场中，这样才能将自己的才能和智慧为社会创造财富。

故事二：

人生的路有很多种选择，而放弃正是一门选择的艺术，是人生的必修课。没有果敢的放弃，就不会到达成功的彼岸。如果什么都想要，什么都不想放弃，到头来的结果很可能是什么也得不到。就像歌德所说："生命的全部奥秘就在于为了生存而放弃生存。"

心灵箴言

越早放弃旧的奶酪，你就会越早发现新的奶酪。

——[美] 斯宾塞 约翰逊

有取有舍的人多么幸福，寡情的守财奴才是不幸。

——[波斯] 鲁达基

骏马能历险，犁田不如牛；坚车能载重，渡河不如舟；舍长以取短，志高难为谋。

——顾嗣协

大弃大得，小弃小得

故事话题

有一个男孩，他很想在一切方面都比他身边的人强，尤其是在做学问方面。可是，许多年过去了，他在其他方面都取得了很多成绩，学业上却始终没有长进。他很苦恼，就去向一个道人求教。

道人说："我们登山吧，到山顶你就知道该如何做了。"

那山上有许多晶莹的小鹅卵石，煞是迷人。每见到他喜欢的鹅卵石，道人就让他装进背包里背着，很快，他就吃不消了。"道人，再背，别说到山顶了，恐怕连动也动不了了。"他质疑地望着道人。"是呀，那该怎么办呢？"道人微微一笑，"该放下，不放下背着鹅卵石怎能登山呢？"道人笑了。

男孩一愣，忽觉心中一亮，向道人道了谢走了。之后，他一心做学问，进步飞速……其实，人要有所得必要有所失，只有学会放弃，才有可能登上人生的高峰。

故事解析

人生的路上，有许多东西是需要放弃的。在仕途中，放弃对更高权力的追逐，随遇而安，就会得到淡泊和安宁；在生意场上，放弃对金钱无止境的掠夺，得到的是内心的安宁和富足。

有人说：大弃大得，小弃小得。这其实是一种境界，一种修养。没有过多的欲望，生活就会变得更加简单，更加洒脱，更加自由。我们在滚滚红尘中，一定要怀一颗平和心，抵制一切不良诱惑，当一个平凡人，简简单单生活，放弃那些没必要的坚持。

故事穿越

传说有一种动物，每遇一物便占为己有，取来负于背上，于是越积越重，却不愿放下一些，终于累得趴在地上。有人觉得它太可怜，帮它取下一些负重，它爬起来继续往前走，遇到一物又占为己有，取来负于背上。它又一次想越过一堵高墙，却因为气力不支，坠地而死。

此时，在小虫附近有紧闭的窗户，在窗户前有一只苍蝇，它不断地振起羽翼向前冲去，撞上玻璃跌落下来，又振振起羽翼飞撞过去……如此反复不断，直至头破血流而死。

小虫和苍蝇在天堂相遇了，他俩抱头痛哭，感叹道：不懂得放弃，就不会得到。大弃大得，小弃小得，不弃不得啊！

故事微语

人也是如此，甚至比其他动物更固执。人总喜欢让自己背负很多“重物”，轻易不肯放下，自谓为“执着”。执着于名利之间，执着于美梦和空想之中。待到光华逝去，才嗟叹人生的空虚。适当地放弃一些无谓的事物，不就会少一些空虚吗？

不懂得放弃，就不会得到。小虫和苍蝇都没有学会放弃，所以最后它们在天堂里悔恨。我们是不是应该从中汲取一些教训，学会放弃呢？放弃烟雾缭绕的游戏厅，放弃不可一世的狂傲，让我们从环境到身心彻底地净化一次，轻松上路，继续奋斗。

心灵箴言

夫唯不争，故天下莫能与之争。

——老子

天生我材必有用，千金散尽还复来。

——李白

人生是一场大火。我们每一个人唯一可做的就是从这场大火中多抢救一些东西出来。

——[美] 比尔·盖茨

在取得的同时适度放弃

故事话题

有个皇帝决定要奖赏大臣们每人一头牛。虽然每人都能得到一头牛，但是所有的牛都不一样，那些牛有大有小，有肥有瘦，怎样分配才不至于导致争议成了一个问题，于是皇帝把这个“难题”抛给了手下的大臣们。

第二天早朝时，文武百官都发表了各自的看法，向皇帝提出了很多的分牛办法。正当文武百官因为此事而争论得脸红耳赤时，丞相默默地来到圈牛的地方，把其中一只最瘦、最小的牛牵走了。于是大家在互相谦让中很快地就把牛分了下去。

故事解析

既然将获取一只牛，那么放弃要一只壮硕的牛，而要一只最瘦、最小的牛又有什么不可以的呢？在取得的同时适度放弃是一种生活的智慧，知足者常乐，不需要一味地争夺最大、最肥的牛。这样不仅会得到别人更多的尊重，还会让这种美德传扬，让更多的人学会谦让，学会适度放弃。

我们的人生中不是也有很多这种镜头吗？大苹果和小苹果之间选择一个小一点的苹果，把大的让给别人，这种放弃会让我们获得好人缘，让大家都学会谦让，久而久之，这个世界不就更加美好了吗？

故事穿越

在一片热带雨林里，一条巨蟒和一只老虎同时盯上了一只鹿。老虎巨蟒互相瞪着，各自打着“算盘”。老虎想：如果我要吃到鹿，必须先消灭巨蟒。巨蟒想：如果我要吃到鹿，必须先消灭老虎。

于是，几乎在同一时刻，老虎扑向了巨蟒，巨蟒扑向了老虎。老虎咬着巨蟒的脖颈想：如果我不下力气咬，我就会被巨蟒缠死。巨蟒缠着老虎的身子想：如果我不下力气死缠，我就会被老虎咬死。于是双方都拼尽了全力。趁着这个当口，原本惊恐万状的鹿悠闲地迈着步子走了，而老虎和巨蟒双双毙命。

猎人目击了这一场争斗的全过程，说：“如果老虎和巨蟒同时扑向猎物，而不是扑向对方，然后平分猎物，它们都不会死。它们的悲哀就在于，它们不懂得在取得的时候适度放弃。”生活中的悲剧不是也经常由此而起吗？

故事微语

如果巨蟒和老虎都能够做到适度放弃自己的利益，做到共享一只鹿，那么它们不仅不会死，而且还会享受到一顿每餐。可是，在贪欲面前，它们把对方视为死敌，于是它们都没取得自己想要的，反而害死了自己。

适度放弃，学会共享，是一种人生智慧，共享一件事物，不仅可以让我们少一些敌人，还可能让我们多一些朋友。一味地要独吞一切“美食”，必将也会有人站出来阻挠自己。而此时最明智的选择就是：在取得的同时适度放弃。

心灵箴言

不要捡了芝麻丢了西瓜。

——谚语

舍得，舍得，有舍才有得。

——易经

要想穿越沙漠，就得放弃咖啡和可乐。

——谚语

熊掌与鱼，必须放弃其一

故事话题

20 世纪 70 年代末，李开复考入了美国哥伦比亚大学的政治科学专业，开始了他的美国求学之路，当时哥伦比亚大学的政治科学在全美综合排名第三，是炙手可热的专业，全世界不少政治精英都毕业于这所大学的政治科学专业。

但李开复对这个专业不太感兴趣，在第一学年时间内，他经常在课堂上昏昏欲睡，成绩平平。但是，他发现当自己在选修计算机课程时，大脑的每根神经都很兴奋，他像发疯一样爱上了这个专业，而且他对这个专业还有着超人的天赋，往往别人还在苦思冥想某个程序该如何写的时候，他早就把程序编写完了。因此，在第二学期，他做出了一个惊人的决定，“转系！”这意味着他将从一个全美综合排名第三的专业转到一个默默无闻的专业。

但是，他听从了心灵的呼唤，最终还是选择了默默无闻的计算机专业。而这个惊人的决定，改写了他的人生轨迹，最终，他成为信息技术业界的精英，成为全球有名的成功人士。

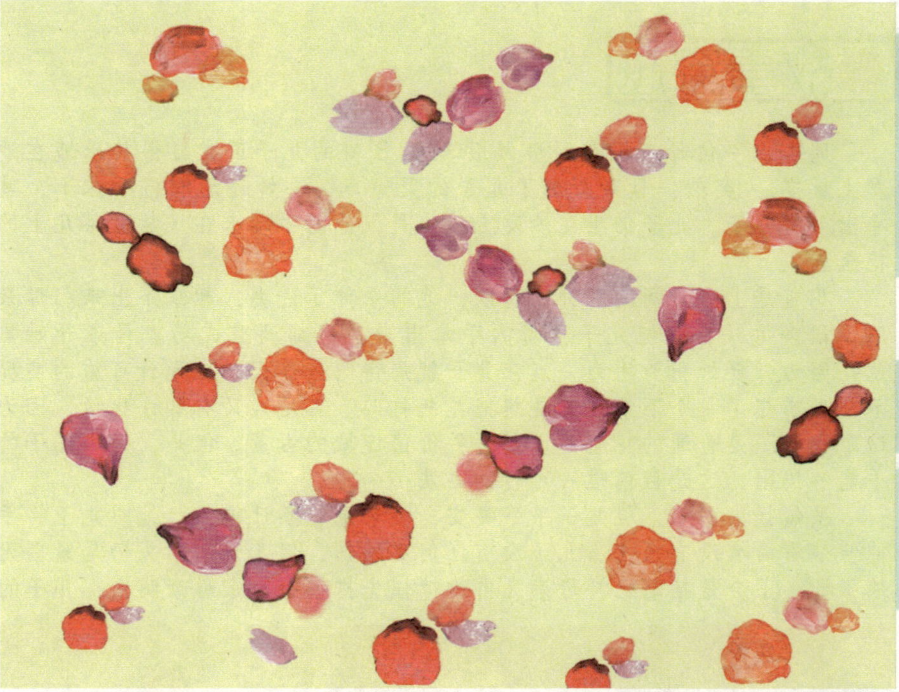

故事解析

鱼和熊掌不可兼得，一方面是自己不太感兴趣，但是全美大学都很有名气的专业；一方面是自己喜爱的，但却是默默无闻的专业。这是一个两难的选择，人生要想有所成就，就得果断地做好取舍，做好鱼和熊掌的选择，选择一个最能体现自身价值的目标，知道自己的兴趣和擅长，排除杂念，全身心地投入其中。而什么也不舍得放弃的最终结果很可能是导致人生一无所得，最终感到后悔和失落。

人生就像无数道选择题，从出生的那一刻起，我们就开始做着各种选择。但是，选择容易放弃难。许多人选择了“鱼”，却依然不舍得放弃“熊掌”。放弃从此变成了一种焦虑和苦闷，变成了一种负担和羁绊，甚至变成了一种灾难。

懂得放弃是一种人生大智慧。所谓“弱水三千，吾只取一瓢饮”，人的精力能力是有限的，只有把精力放到自己适合的某项事业上，才可能会取得成功。从来没有人是真正意义上的“全能者”。只有学会放弃，才能集中精力于自己的事业之中，力求突破，最大限度地获得成就。

故事穿越

周末，一位母亲正在厨房做饭。她3岁的儿子正在自得其乐地在沙发上玩耍。突然，母亲听到了儿子的哭啼声……她还没有将手抹干，就冲出去看儿子。儿子仍坐在沙发上；但是，他的手却卡在了放在茶几上的花瓶里。

花瓶是上窄下阔的那种，所以，他的手伸了进去，却拿不出来。母亲用了很多办法，想把儿子卡着的手拿出来，但都没有成功。母亲开始焦急，因为只要她稍为用力一点，儿子就痛得叫苦连天。在无计可施的情况下，母亲想了一个下策，就是想把花瓶打碎。可是她又有些许犹豫，因为这个花瓶不是普通的花瓶，而是一件价值连城的古董。但是，为了儿子的手能够拔出，这是目前唯一可行的办法……

虽然损失不菲，但儿子平平安安，母亲也就不计较了。她叫儿子将手伸给她看看有没有损伤。儿子没有任何皮外伤，但儿子的拳头仍是紧握无法张开。不会是抽筋吧？母亲又再次惊惶失措……后来母亲明白，儿子的

手不是抽筋，他的拳头张不开，是因为他紧握着一个5角硬币。他是为了取到这枚硬币，所以令手卡在花瓶的口内。儿子的手伸不出来，其实，不是因为花瓶口太窄，而是因为他不肯放手。

故事微语

昂贵的花瓶和儿子的手在母亲看来，就像是熊掌与鱼，虽然花瓶是价值不菲的古董，但是为了儿子的手，可以放弃。一枚硬币对儿子来说就是宝贝，他不舍得放弃，于是甘心忍受手卡在花瓶里的疼痛。疼痛和硬币之间，儿子选择了硬币。为了区区五角，打碎了一个古董花瓶，儿子当时不会了解，也不会后悔，因为那时他不了解，他执着那个硬币的机会成本是那么大。

放弃只是手段，不是目的，放弃的目的只有一个，那就是为了更好地选择。坚信自己的选择，坚持自己的路，放弃才变得有意义。我们如果放弃了安逸，选择了奋斗，就要相信奋斗所带给我们的价值；我们放弃了私心，选择了担当，就要相信担当的意义。选择是一种睿智的放弃，放弃才会有所拥有。鱼和熊掌，我们必须放弃其一。

心灵箴言

鱼，我所欲也；熊掌，亦我所欲也。二者不可兼得，舍鱼而取熊掌者也。

——孟子

人的一生被许多难以取舍、困惑不已的琐事所纠缠着，这时所需的就是断然的舍弃与明

——谚语

人生总是有所缺憾，往往得到此，也就失去了彼。人生重要的是应该知道自己到底需要什么。同时追赶两只兔子，其结果往往一无所获！

——李开复

第二篇

放下包袱：心若洒脱，处处都是旖旎风光

诺贝尔医学奖获得者亚历豪希·卡雷尔博士曾说过：“不知道如何消除忧虑的商人命不长。”其实，不仅仅是商人，对于任何人来说都是如此。一旦我们开始感到不安、忧虑，或者是焦躁，那么我们就必须反省，是什么影响了自己的情绪？患得患失、过分忧虑将会成为我们身体健康的最大障碍。

人世苍茫，你要洒脱地活

故事话题

丽莎是一个家庭主妇，她每天都在不停地忙碌。

对丽莎来说，这是一个非常普通的上午。丈夫上班去了，丽莎脑子里便开始琢磨两个儿子的午饭。这时候，电脑的邮件提示“哗哗”作响，而两个儿子却像两块膏药似的粘着她不放，一个要求讲故事，另一个则在告状，说家里的狗狗又上床了。好不容易把家里的狗和儿子都安抚好，丽莎还要抽时间完成自己的兼职工作。午饭后安抚好孩子们睡午觉，丽莎又匆匆忙忙地跑到社区帮着筹办小区举办的最新活动。

丽莎实在是太忙了！为了把每件事按时做完，连和家人朋友的通话时间都只能限制在 3 分钟以内，她甚至把走路改成了跑。邻居都夸丽莎贤惠能干，但丽莎心里其实并不是那么“任劳任怨”——“我简直都快忙疯了，恨不得把每件事儿都按时完美的做好。我知道这样不好，自己也厌倦，可就是不知道如何才能让自己停下来。”丽莎无奈地说。

故事解析

当你感到忧郁、烦闷时，你应该试着改变环境。无论正在经受什么，不要反复想你的现在的处境有多么的恶劣。想想那些愉快的事、有趣的话，以最大的努力让自己变得快乐起来，我们为什么不洒脱地活呢?

我们每天都要经历数不清的大事小事，只有放弃其中的一些可有可无的事情，放弃那些无聊的应酬，才能潇洒地生活。我们没必要把自己每天的二十四个小时都安排得满满的，给自己留下一点空间，慢慢地品味云卷云舒，细细地咀嚼酸甜苦辣，或许，人生会变得更加有意义。

故事穿越

杰克病得很重，症状是他一直觉得他的眼睛要突出来，而且他患上了严重的耳鸣。渐渐地，杰克变得疯狂，因为他无法正常地睡觉，也无法按时地工作。

所以，杰克去咨询医生，一个医生建议说："将盲肠割掉。"于是，杰克将盲肠割掉了，但是病情没有得到丝毫的改善。另外一个医生建议他："将所有的牙齿都拔掉。"于是，杰克将所有的牙齿都拔掉了，病情依然没有丝毫改善。只是杰克变得更老了而已。又有人建议他，应该把扁桃体割掉。随后杰克的扁桃体也被割掉了，但是病情依然没有好转。然后，杰克去请教一个最有名的医生。

那个医生诊断之后说："没有任何办法，因为找不到原因，最多你只能够再活半年，我必须对你坦白，因为一切所能够做的事情都已经做了，现在你已经无药可救了。"

杰克走出那个医生的办公室，心想："如果我只能够再活半年，那么为什么不活得好一点？"杰克以前是一个守财奴，他从来没有舍得为自己买过什么昂贵的东西。现在杰克想开了，就去订了一部最新最大的车子，又买了一所漂亮的房子，订做了几十套西装，杰克甚至还为自己订做了衬衫。

杰克去到裁缝那里，裁缝认真测量了他的身材，然后说："领子17。"

杰克说："不，16，因为我一直都用16。"

裁缝又量了一下，然后说："17。"

杰克说："但是我一直都用16啊！"

裁缝说："好吧！那么就按照你一直所采用的方式来剪裁吧！"

实际上，这才是杰克生病的原因！杰克沉溺于一些小的事情上。在很多时候，令杰克焦虑和悲观的事情只是一些琐事而已。

故事微语

人世苍茫，世事繁多，如果你总是斤斤计较于一些很小的事情，进而焦虑、悲观、烦躁，那么，你如何能够洒脱地活呢？

有些人总以颓丧的心情、忧郁的情绪，来破坏、阻碍他们的人生之路。其实，一切事情的成败，全靠我们的勇气、信心以及我们的生活态度。如果在遇到不顺利的事情时，就放任自己，让自己处于颓丧、怀疑、恐惧、失望等情绪之中，那么我们怎么会有所成就。反之，如果我们可以用洒脱的心来迎接生活中的种种事情，一切反倒会变得美好起来。

心灵箴言

留得青山在，不怕没柴烧。

——谚语

知足而不贪，知节而不淫。

——林逋

知足者仙境，不知足者凡境。

——洪应明

你有权利让自己离开那些使你的精神焦躁不安的东西。

——西方谚语

一个能够在一切事情不顺利时含着笑的人，比一个遇到艰难就垂头丧气的人，更具有胜利的条件。

——西方谚语

做一个知足常乐的人

故事话题

俄国大文豪列夫·托尔斯泰曾写过一篇小说《一个人需要很多土地吗?》，意思大致是这样的：有一个人想得到一块土地，于是地主对他说："清早日出时，你从此处往前跑，跑一段就插一个旗杆作为标记，只要你在太阳落山前赶回来，插着旗杆的土地都归你。"

那人听了之后，就拼命地跑啊跑，太阳偏西了仍不知足。太阳落山时他终于冲回来了，但此刻他已经精疲力竭，当场摔倒而亡，于是地主派人

挖了个坑，将他埋了起来。牧师在给他做祈祷时，看着面前这座小坟茔，无限感叹道："一个人要多少土地才够呢！就这么大。"

托尔斯泰因为曾将中国老子的《道德经》译成俄文。于是，有人揣测，他的这篇小说就是受了《道德经》的影响。老子说："祸莫大于不知足，咎莫大于欲得。故知足之足，常足矣。"

故事解析

人赤条条地来去于这个世界上，不可能永久地拥有什么。当你煞费苦心得到钱权的时候，它们不可能永远属于你。相反，假使我们能对现有的一切感到满足，那么，我们便会活得洒脱自如，幸福也自在其中，所以知足才能常乐。

诗人泰戈尔说过："当鸟翼系上黄金时，就飞不远了。"当我们的内心被贪欲控制的时候，怎么能够享受到真正的人生？知足常乐是一种豁达的人生态度，知足的人最能体味静水流深，他们的内心是富足的，他们懂得享受现在，不一味地彷徨，因此他们的人生也就有意义得多。

故事穿越

罗茨是一个天使，有一次在他送信的时候，不小心在人间睡着了。醒来后，他发现自己的翅膀被人偷走了。没有翅膀的罗茨，能力比普通人还要小。他又冷又饿，想到一户人家中要点食物吃。

“我是天使，请把门打开。”

这家人打开门，看罗茨被雨淋了，衣服也皱巴巴的，问：“你给我们带来礼物了吗？”

罗茨回答：“我的翅膀丢了，回不到天堂了，所以没有礼物。”

“没有翅膀和礼物的天使不算天使！”说完，门被砰的一声关上了。

他敲第二家、第三家的门，无一例外的全都遭到了拒绝。

罗茨很伤心地哭了起来，这时候来了个牧羊人，于是罗茨对牧羊人述说自己的遭遇。

牧羊人说：“你即使不是天使，我也不会让你饿着。如果你没有别的事做，就留下和我一起牧羊吧。”

丢了翅膀的罗茨在人间的确没有什么手艺，于是整天跟着牧羊人学习牧羊。

罗茨每天梳理下一些羊毛，日积月累，他为自己织了一双羊毛的翅膀，在大家目瞪口呆的注视下，罗茨飞走了。

过了几天，罗茨来答谢牧羊人，问他要什么。

牧羊人说：“给我100只羊吧。”

罗茨给了牧羊人100只羊，可是牧羊人比过去更累了。他找到罗茨，请他把羊收回去，为自己盖一所大房子。可是，牧羊人在大房子里住着，发现到处是灰尘，怎么也打扫不干净。他用房子换了一匹马。可是，牧羊人却从马背上摔了下来，幸好没受什么伤。于是牧羊人就把马还给了罗茨。

罗茨问：“你还要什么？”

牧羊人回答：“我现在什么也不要了。”

罗茨说:“人从来都有很多愿望,你难道没有吗?”

牧羊人回答:“愿望实现之后,我才知道我不需要这些东西,因为这些东西成了我的累赘。”

罗茨说:“我送你一样无价之宝,那就是性格。你想要什么样的性格?”

牧羊人说:“你已经送给我这样的性格了,那就是知足。”

故事微语

知足者常乐,羊群增加100只会比之前更辛苦;住在大房子里打扫房间也会很辛苦;骑在骏马背上却不知道奔向何方是多么无奈的事情啊!而知足的人不会有这么多的辛苦和无奈,他们懂得随遇而安,懂得适可而止。

人生有度,过则为灾,做人做事没必要刻意追求完美。凡事有度,说话要把握分寸,做事要留有余地。简单才是享受生活的最高境界。你若耕耘,就会有收获,你若努力,就会有希望,你若看开,就会有幸福。用纯净的眼光看世界,世界就是绚丽多彩的;用淡然的方式去生活,生活就是平静自然的;用平常的心态看得失,人生就变得轻松起来。凡事有度,做人知足,在追求高质量的路上,别忘了带上知足的心!

心灵箴言

人苦不知足,既平陇,复望蜀。

——范晔

只期盼少许,才能接近最高的幸福。

——[希腊] 苏格拉底

幸福有它的两重性:一方面在于福至心灵,时来运至……另一方面,也是最实际的方面,就是知足常乐地安度日常生活,这也就是说,头脑清醒,不干蠢事。

——[德] 冯塔纳

遗憾如重负，放下才轻松

故事话题

有一位老大爷，在火车上不小心把新买的皮鞋从窗口弄出去了一只，其他人都在为他感到惋惜，不料他却立即把另外一只皮鞋也扔出了窗外。大家大吃一惊。老大爷说：“这一只皮鞋无论多么昂贵，对我而言都没有用了，如果有谁能捡到一双皮鞋，说不定还能穿呢！”

如果这位老大爷是你，你会怎么做呢？我想你一定会好好保留另一只鞋，并想把丢了的那只鞋捡回来，谁都不知道，这是不可能的事呢？而大家却总是抱以幻想，捡起另一只鞋。何不想想，这只鞋已经对自己没有丝毫的用处了，就算它值十万、百万都没有用了，既然无用，倒不如让别人捡到它，如果捡到它的人还可以继续使用的话，变废为宝，只是一念之间。

是啊，遗憾就像重负，只有放下了，也就没什么了。这位老大爷不正是我们学习的榜样吗？

故事解析

人生就像烧开水，总会有水滴要被蒸发。人生又像看风景，天下美景如此之多，怎么会有谁能赏尽。于是很多人总是在叹息中遗憾。遗憾本该得到的，却失之交臂；遗憾得到手的，却脱手而去。

人们总爱说，如果当初怎样，现在就会怎样。其实，他们现在已经拥有很多幸福，只是他们还没学会如何去品味。我们应该活得洒脱一点、自在一些。真正的自由，应该是淡泊从容。既然如此，何不放下那数不清的遗憾，学会知足，不再让欲望束缚心灵，让心灵自己自由自在的飞翔。

故事穿越

林强经过千辛万苦终于得来了一件十分珍爱的砚台，他每天都要将砚台拿出来，细细把味。有一次，林强正在厨房做饭，听到外面“嘭”的一声，他回头一看，发现是自己的猫把砚台打碎了。

他继续做自己的饭，待饭做好了以后，拿起扫帚把砚台的碎片扫掉，倒到了垃圾桶里，他的儿子看了非常费解，问他：“爸爸，你不是非常喜爱这个砚台吗？”他说：“是的，这是我费尽千辛万苦才得来的。”儿子问：“那花猫打碎了它，为什么你一点都不生气呢？”林强慈爱地摸着儿子的头，语重心长地说：“孩子啊，我是特别喜爱这个砚台，但是既然碎了，就不可能再修补好了，与其生气，不如放下这个遗憾，倒轻松许多。”

故事微语

打碎砚台的遗憾，在大度的人看来，放下就轻松了。人的一生，要历经千万门坎，我们会经常碰壁，或不得不伏地而行。因此，要学会低头，放下身段，不逞匹夫之勇，该低头时就低头，巧妙地穿过人生荆棘。这既是人生进步的一种策略和智慧，也是人生立身处世中不可缺少的风度，同时，这也更是一种修养。

现实生活是残酷的，每个人都会碰到不尽如人意的事情。有时候，你必须学会放下遗憾，面对现实，只有这样才能让自己变得轻松起来。放下是一种智慧和勇气。既然遗憾已经发生，且无可改变，又何必苦苦执着于这烦恼之中呢？

心灵箴言

知足不辱，知止不殆。

——李耳

自愿的贫困胜于不定的浮华；穷奢极欲的人要是贪得无厌，比最贫困的而知足的人更是不幸得多了。

——[英] 莎士比亚

贪得者，分金恨不得玉，封公怨不受侯，权豪自甘乞丐。知足者，藜羹旨好于膏，布袍暖于狐貉，编民不让王公。

——洪应明

金钱是一种有用的东西，但是，只有在你觉得知足的时候，它才会带给你快乐，否则的话，它除了给你烦恼和妒忌之外，毫无任何积极的意义。

——席慕蓉

向前看，放弃那些不必要的等待

故事话题

英国王储查尔斯王子似乎整个人生都是在等待中度过的。从 4 岁目睹母亲伊丽莎白二世登基加冕，到 9 岁获封威尔士亲王，成为正式的王位继承人，再到母亲伊莉莎白二世登基 60 周年之际，他一直在等待。他的家族有长寿史，所以母亲虽然已经 86 岁了，但是身体一直很硬朗，根本没有退位的意思。因而他创立了一个十分尴尬的纪录：英国历史上享有王位继承权最长的人。这让王子很压抑，所以他在能把握自己的时候就不会选择继续等待。

2009 年，查尔斯发起了“热带雨林保护计划”。当时有人曾建议查尔斯推迟这一环保计划，因为当时正值世界金融危机，可能会导致计划无法达到预定效果。查尔斯听完这话，马上回答说：“为什么要等待，我一生都在等待，如今我可以决定某件事时，那就立刻开始。”王子的坚定让对方哑口无言。随即“热带雨林保护计划”如火如荼的展开了。在后来录制的宣传片中，查尔斯甚至还拿自己的王子身份开起了玩笑，与吉祥物雨林蛙一起向世人昭示他的决心。

故事解析

人生中的很多时候我们确实会身不由己，无法决定自己未来，只好默默等待。但当机会来临的时候，就不要再继续等待了，努力去做吧。一直都在等待的人生难道不是一种遗憾吗？向前看，把握的自己命运，即使历经坎坷，难道不是更有意义吗？

人生最多也就 2 万多个日子，转眼即逝，你还等待什么呢？向前看，放弃哪些不必要的等待吧。往往在等待某个机遇的同时，你已失去它。在这个世界上没有免费的午饭，天上也不掉馅饼的，一切都须靠自己，生命是短暂的，我们应努力付出。不要再做等待的少年，系好鞋带，立刻出发。

故事穿越

1973年，英国利物浦市的一个叫科莱特的青年考进了哈佛大学。常与他一起听课的是一位18岁的来自美国的小伙子。大学二年级那年，这位美国小伙子与科莱特商议，一起退学去开发32二进制位财务软件，因为新编教科书中，已解决了进位制路径转换问题。

当时，科莱特感到十分惊诧，因为他来这儿的目的是求学，并不是闹着玩的。再说对于二进制位系统，默尔斯博士还未全部教完，要开发二进制位财务软件是相当困难的。于是，他委婉地拒绝了这位小伙子的邀请。

十年后，科莱特成为哈佛大学计算机系二进制位方面的博士研究生，而曾经劝他一起退学的小伙子也在这一年，进入美国《福布斯》亿万富豪排行榜。1992年，科莱特拿到博士后学位；而那位美国小伙子的个人资产，在这一年又有了不同寻常的发展。他当时的资产已经仅次于华尔街大亨巴菲特，达到65亿美元，成为美国第二富豪。1995年，科莱特认为自己已具备了储备了足够的能量，可以研究和开发32二进制位财务软件了；而那位小伙子则已绕过二进制位系统，开发出了Eip财务软件，它比二进制位快1500倍，并且Eip财务软件在两周内占领了全球市场。这一年，这位美国小伙子成了世界首富。随之他的名字——比尔·盖茨也传遍了全球的每一个角落。

故事微语

在这个世界上，有许多人认为，只有具备了精深的专业知识的前提下，才能从事更高深的工作。然而，世界创新史表明：先有精深的专业知识才从事发明创造的人并不多，不少成就一番事业的人，都是在知识不多时，就直接对准了目标，然后在创造的过程中，根据需要补充知识。就像故事当中的比尔·盖茨，他并没有等到哈佛毕业后再去创业，假如等他像科莱特一样，学完所有知识再去开发软件，他还会成为世界首富吗？

在这个世界上，似乎存在着这样一条真理：对一件事，如果等所有的时机都成熟才去行动，那么机会同时也失去了。因为世界不会等待我们，时间也不会等我们。所以就让我们向前看，放弃那些不必要的等待吧！

心灵箴言

谁要是在内心里真正是知足常乐，他就能获得一切幸福。

——谚语

轻浮和虚荣是一个不知足的贪食者，它在吞噬一切之后，结果必然牺牲在自己的贪欲之下。

——[英] 莎士比亚

所谓幸福的人，是只记得自己一生中满足之处的人；而所谓不幸的人只记得与此相反的内容。

——[日] 荻原朔太郎

不必追逐浮华的虚名和贪欲

故事话题

有一个书生，家里特别穷，但是他却极其爱面子。

一天晚上，一个小偷来到他家中，书生因为害怕而躲在了书桌下面。小偷在搜寻之后，没有发现任何值得一偷的东西，便跺脚叹道："晦气，我今天算碰到了真正的穷鬼！"

书生在书桌下听到后，立马爬了出来，赶紧从床头摸出仅有的几文钱，塞给小偷，并十分诚恳地说："先生，您来得不巧，我现在正缺钱，请将就把这点钱带走。但在他人面前，希望您千万不要张扬，给我留点面子啊！"

故事解析

从这个小笑话中不难看出，某些人是多么的贪慕虚名。杜重远先生是近现代历史上的一位爱国主义者，他对此大声疾呼："要面子不要脸这几个字，包括尽了中国的劣根性。政治腐败、经济破产，都是由于要面子不要脸这种人生观的缘故。所以，要拯救中国，先要革除这种人生哲学。"鲁迅先生也同样的指出："面子是中国人的精神纲领。"爱面子是人对自身形象的一种维护，但是，如果太顾及脸面的话，很多时候只能是让自己有苦说不出。

在现实中，很多人为了面子劳苦奔波一生，最后留给自己的却是数不胜数的烦恼。其实，他们输的并不是个人能力，也不是行为技巧，而是这个不值一钱的虚名。一个人只有抛弃虚名，用平常心来看待名利得失，踏踏实实地做人做事，才能活得快乐和成功。

故事穿越

故事一：

一只盘旋的鹰发现一只冻死的兔子在慢慢流动的浮冰上，它试了几次想把兔子叼走，但是没能成功，就飞旋下来站在浮冰上猛啄兔子，浮冰顺着融雪水慢慢流动，离悬崖边越来越近了。鹰此时却不以为然，它认为自己完全可以到了悬崖边再飞，于是它继续贪婪地啄着兔子肉，要尽可能多吃几口填饱肚子。当浮冰真正到达悬崖边的时候，鹰奋力展翅却无论如何也飞不起来了，原来鹰爪因长时间停留在浮冰上，已经被冻牢了，鹰无可奈何地随着浮冰冲向万丈深渊摔死了。

故事二：

北极圈里的因纽特人有一种好方法可以让狼自动地送上门来，这种方法既不费力气，又没有生命危险，这种独特的捕狼办法世代相传，屡试不爽，还特别有效。

严冬季节，他们在锋利的刀刃上涂上一层新鲜的动物血，在血封冻在刀子上之后，他们继续往上涂第二层血。血冻住后继续涂上鲜血……如此反复，很快刀刃就被冻血坨藏得严严实实了。此时，因纽特人就把血包裹住的尖刀反插在地上，刀把稳稳地扎在地里，刀尖朝上。

狼是一种嗜血的动物，在几公里外就可以闻到了这种血腥味，然后它们就会跑过来用舌头用劲地舔，越舔越起劲：这玩意口感真好，像冰棒一样！在血腥味的刺激下，它们会越舔越快，越舔越卖力，直到所有的血被舔干净之后，锋利的刀刃就暴露出来了，可是此时狼们已经嗜血如狂，猛舔刀锋，根本感觉不到舌头被刀锋划开的疼痛，最后狼的舌头被刀割成了一片片的碎块，体内的血液也已经流尽了，最终精疲力竭地倒在雪地上死了。

故事微语

贪欲使鹰和狼都走向了死亡。生活中有许多这样的人：他们什么都想得到，什么也不愿放弃，而且得陇望蜀，永远不满足，结果落得竹篮打水一场空的结局。大多的时候，我们会被世上的名利、金钱、物质所迷惑，心中只想得到，只想将其统统归于己有，不想舍弃，更舍不得放下。于是心中就充满了矛盾、忧愁、不安，而事实上，我们根本就没必要追逐这些浮华的虚名和贪欲。

贪婪是灾难的根源，不论为人处事，都必须控制贪欲。对付贪欲的最有效的方法就是学会放下。欲望是无止境的，如果你不放下一些东西，你的身上和心灵上的枷锁一定越来越沉重，快乐就会离你远去。因此要学会放下，学会解脱，保持一颗平常心。欲望少了，快乐就会多起来。

放弃是心灵的一种豁达，学会放弃是一种大智慧。因为你的放弃，你的生活就会变得简单起来。生命这条船载不动太多的虚名和贪欲，要想扬帆远航而不在中途搁浅和沉没，就必须轻载，不必追逐浮华的虚名和贪欲。

心灵箴言

知足天地宽，贪得宇宙隘。

——曾国藩

对于不知足的人，没有一把椅子是舒服的。

——[美] 富兰克林

知足是天赋的财富，奢侈是人为的贫穷。

——[希腊] 苏格拉底

人不要求全，应该知足，而只有守分，才会知足。

——曾仕强

第三篇

摒弃弱点：一个转身就能体会遗失的美好

一个行囊，如果已经装得太满就会很沉重，我们背着就会感觉到很累。我们背负不了太多的行囊，果断地放弃那些不该有的执着是直面人生的一种清醒的选择。只有这样，生命才会轻装上阵，一路高歌；只有学会放弃这些执着，才能用轻松迎接未来，生活才会更加绚丽富有朝气。

跨越自卑这道屏障

故事话题

小镇上有一个非常贫困的孩子，她从小没有了父亲，跟母亲相依为命，母亲靠打扫卫生维持生计。她非常自卑，因为她从来没穿过漂亮的衣服，也没有没带过任何首饰，在这样极其贫苦的状态中，她长到了 18 岁。在她 18 岁那年的圣诞节里，母亲破天荒的给了她 15 美元，让她去买圣诞礼物。

她非常激动，但依然没有勇气从大路上大大方方地走过，她攥着这 15 美元，绕开人群，贴着墙根朝商店走。一路上她看到大家的生活都比自己好，心中特别遗憾的想："我没有一个完整的家，我在镇上最抬不起头，我是最寒酸的女孩。"当她看到自己心仪的男孩时，她又想："我无论如何都无法成为他的舞伴。"

她就这样一路来到了商店，柜台上摆着一批特别漂亮的头饰，有粉色的、绿色的、红色的、黄色的……她买了一个粉色蝴蝶头饰，戴上后的她感觉自己像天使下凡一样，容光焕发，美丽极了。她不再迟疑了，买下了头饰，她把剩下的钱小心的揣进了衣兜，生怕丢了母亲辛苦攒的钱。她激动地跑了出去，出门的时候，她不小心撞到了一位老绅士，她仿佛听到老绅士在叫她，但她已经顾不上这些啦，不知不觉她跑到小镇里，她没想到大家都投来惊讶的目光，她听见有人赞叹道："原来镇上竟有如此漂亮的女孩。"

她遇上了自己心仪的男孩，那个男孩邀请她做自己的舞伴，她想这都是头饰的功劳，她回到商店想再看看还有没有其他好看的头饰了。刚踏入门口，那位老绅士就对她说："孩子，我就知道你一定会回来的，你刚才撞到我时，这个头饰掉了下来，我一直在等你来取。"

故事解析

小女孩自卑是因为她认为自己的家境没有别人好，自己的生活没有别人好。所以她一直都没有认为自己是漂亮的。而当她昂首阔步地走在大街上时，她却听到有人在说：“镇上竟有如此漂亮的女孩。”她甚至于把别人邀请她做舞伴也归功于头饰的美丽，事实上，此时，她的头饰早就不小心被她丢掉了。

居里夫人曾说过：“我们对自己要有信心。一个人只要有自信，那么，他就能成为他希望成为的那样的人。”因为自信可以稀释一切痛苦和忧愁，能够弥补你外在的所有不足，可以让你无所畏惧。因此，一定要跨越自卑这道屏障，你才能拥有一个辉煌的人生。

故事穿越

张晓梅原本是山村一个天真善良快乐的小孩，但是自从转学来到这所学校，她开始变得自卑。因为在以前的学校里，大家都是一样的口音，听起来并没有什么问题。可是转学以后，新同学都说着纯正标准的普通话，比她原来山村里的老师说得还好，夹在一群糯米一样柔软的声音里，她总是俺呀俺的，显得特别的格格不入。

刚转学的时候，因为同桌张大鹏跟在她身后学她，一口一个“俺们那疙瘩”，她就不敢再开口说话，最要命的是英语课，老师一叫她朗读课文，大家就会在底下抿着嘴偷偷地乐。

另一个原因是衣着。同学们一个比一个漂亮，牛仔裤，镂空衫，公主裙，韩版的雪纺裙，简直可以开时装发布会了。唯有她还穿着以前买的那些色调单一款式陈旧的衣服，像一只灰老鼠，人多的地方不敢去。大家在谈论刘德华的新歌、韩寒的畅销书时，她低着头拼命做事，收拾别人丢弃的垃圾，帮大家打扫卫生，收集矿泉水瓶子。

张晓梅前所未有的失落，小小的自卑像被摇晃过的可乐，稍一触动便四处流溢。她拼命地收敛自己，尽量不与人攀谈，尽量不去人多的地方，尽量上课不举手回答问题，她像一只谨小慎微的小兔子，总是一个人独来独往。

只有独处的时候才是她最快乐的时光，她害怕和同学交往，怕那些嘲笑的目光、讥讽的话语、不屑的轻蔑，这些都会让她感觉很受伤。

那天，上英语课时，老师再次让她朗读课文，她只好硬着头皮站起来，本来就很重的口音，加上紧张而导致的结巴，使原本很好听的朗读，被读得支离破碎，听上去很滑稽。张大鹏终于忍受不了，他捂住耳朵喊了一嗓子："别读了，折磨死人不偿命啊！"其他人也小声附和："就是，难听死了。"从此，她落下了后遗症，只要一听到有人在读英语，她就会脸色苍白，心惊胆颤。

可是，张晓梅并不是爱服输的孩子，她暗暗下定决心：谁说我不行？我还偏要试试。可是，张晓梅那普通话的水准尚且带着泥土味，她能说好英语吗？

张晓梅真的来了劲头，她没完没了地缠着张大鹏问这问那；中午吃完饭，别的同学都去操场玩儿，她对着小镜子练口形，慢慢地，她的英语口语居然真的有了很大的进步。

学校举办英语大赛，主持人要从学生中选拔，很多同学都跃跃欲试，张晓梅犹豫了好几天，想报名又不敢，怕同学们笑话。不报名，又觉得失去了一个很好的检验自己的机会。最后还是自信战胜了自卑，张晓梅决定去老师那里报名。

听说张晓梅报了名，很多同学都等着看笑话，谁知正式选拔那天，张晓梅适中的语速、标准的发音，不但让同学们大吃一惊，也让主考的老师大为惊异。张晓梅脱下自卑的外衣，展示的是满满的自信。

故事微语

如果对自己的力量没有最起码的信心，你是根本不可能获得成功和快乐的。有了自卑感就会妨碍自我健康地成长。自卑与自信这两种相反的心理状态是可以转换的。其实不必与别人比高下，因为地球上没有人和你一样，也没有和你同一等级的人。你是一个人，你是独一无二的；你不像任何一个人，也无法变得像某一个人；没有人要你去像某一个人，也没有人要某一个人来像你。

自卑的心理，产生的原因往往是：我们不用自己的“尺度”来判断自己，而用某些人的“标准”来衡量自己。这样便产生愚昧的认知，自己认为自己没有“价值”，不配得到成功与快乐。这些都是因为我们接受了“我应该像某某人”的观念，或“我应像其他每一个人”的错误观念。

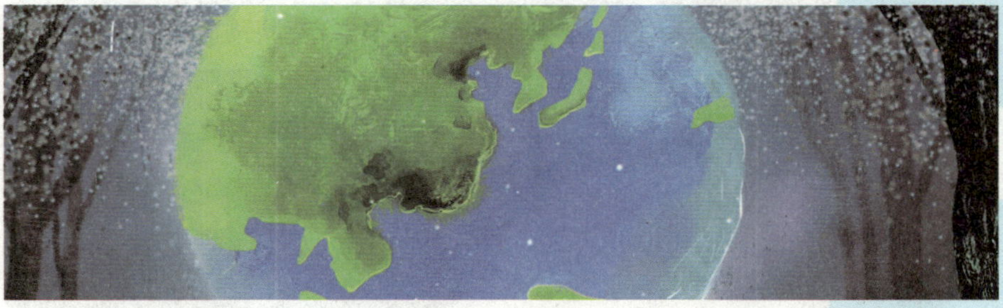

心灵箴言

信心是命运的主宰。

——[美] 海伦·凯勒

自信是成功的第一秘诀。

——[美] 爱默生

先相信自己，然后别人才会相信你。

——[法] 罗曼·罗兰

由于痛苦而将自己看得太低就是自卑。

——[西班牙] 斯宾诺莎

最大的骄傲与最大的自卑都表示心灵的最软弱无力。

——[西班牙] 斯宾诺莎

冲动的人难以取得成功

故事话题

刘备、关羽、张飞自从桃园三结义之后，3 人齐心协力，摆脱了寄人篱下的生活，打下了一片江山，事业上是“芝麻开花节节高”。可是，这一份来之不易的伟业从关羽败走麦城开始，逐渐消失了——关羽大意失了荆州，被吴国生擒斩首，随之，张飞被部下暗杀遇害，最后，刘备的 70 万大军也被东吴的一把火烧尽。

而之所以会有这一连串的“倒霉事”，就是因为他们 3 个的冲动。关羽的狂妄自大，为他的结局埋下了伏笔；张飞为关羽报仇心切，导致心情低落失控，当他鞭打部下来发泄其情绪的时候，就为他的被杀埋下了伏笔；最后，稳重的刘备也失去了理智，顾不得孔明等人的苦苦规劝，冲动起来，执意讨伐吴国，最终也是惨败，落下了个白帝城殒命的结果。

故事解析

人在发怒时，身体会出现一系列的症状，比如：交感神经兴奋，肾上腺素分泌增加，这就会引起身体一系列变化，比如鼻孔张大、肌肉紧缩、毛发竖立、横眉怒目、咬牙切齿、握紧双拳……总之是调动了身体里所有的能量储备，此时的人就像等待点燃的炸药，稍不冷静，其后果是不堪设想的。

俗话说：“一碗饭填不饱肚子，一口气能把人撑死。”我们应该学会控制好自己的情绪，如果我们不能控制好自己的心态，不能理智、冷静地面对所发生的事情，那么我们就和野马一样了，就会有麻烦找上门来。

亚里士多德有一句名言：“发脾气是值得赞扬的。但你必须做到：在适当的场合，向正确的对象；在合适的时刻，使用恰当的方式，因为公正的理由而发脾气。”这位哲学家其实就是在告诫我们，遇事沉着冷静，要学会控制自己的情绪，不要因一时冲动而导致更严重的后果，此时就是害人害己。

故事穿越

在非洲草原上，有一种生物叫吸血蝙蝠，它在攻击野马时，常附在马腿上，用锋利的牙齿极敏捷地刺破野马的腿，然后用尖尖的嘴吸血。此时野马一般都会特别冲动、烦躁，可是无论野马如何蹦跳、狂奔，都无法逐走这种蝙蝠，蝙蝠却可以从容地附在马腿上，直到吸饱血为止，才满意地离去。而很多野马就是在这种暴怒、狂奔、流血中无可奈何地死去。

但研究发现：害死野马的不是吸血蝙蝠，而是野马自己。动物学家们发现，吸血蝙蝠所吸的血量是微不足道的，根本不可能导致野马的死亡，而让野马死亡的真正原因，就是它冲动愤怒的性格。

故事微语

“急则有失，怒则无智”，遇事冲动、动不动就发怒，既有损身体健康，还让人丧失理智，做出一些疯狂的行为，产生很严重的后果。同时，经常冲动，身体很多部位都会受到损害，严重者甚至会致人殒命。由此看来，冲动实在是有百害而无一利、损人且不利己的傻瓜行为。

有人说冲动是魔鬼，其实是有一定道理的，冲动的时候往往不计后果的做出一些过格的行为，产生更为严重的后果，要想在人生的道路上取得成功，就必须摒弃冲动这个毛病。

心灵箴言

三思而后行。

——孔子

不管发生什么事，都要冷静、沉着。

——[英] 狄更斯

火气甚大，容易引起愤怒的烦扰，是一种恶习而使心灵向着那不正当的事情，那是一时冲动而没有理性的行动。

——[法] 彼得·阿柏拉德

果断放下懦弱的性格

故事话题

汉惠帝刘盈（前 213 年一前 188 年），西汉第二位皇帝，他是汉朝开国皇帝刘邦的嫡长子，母亲是有名的吕雉，于前 194 年—前 188 年在位七年。

汉高祖二年（前 205 年），刘盈被顺利地立为太子。

当初，刘邦宠幸戚夫人，戚夫人有个儿子叫刘如意，刘如意聪明伶俐，英武果敢，作风很像刘邦，刘邦觉得太子刘盈优柔寡断，软弱无能，便想废除刘盈。刘盈的母亲吕雉依张良的计策，请大贤“商山四皓”来替刘盈说话并辅佐他，这时刘邦才惊觉刘盈“羽翼已丰”，于是打消了废太子的念头。

汉高祖十二年（前 195 年）四月，刘邦在平定逆臣英布的战争中受伤而死。五月丙寅，16 岁的刘盈继承了皇位，被称为汉惠帝。刘盈即位后实施“仁政”，减轻赋税，提拔贤人曹参为丞相，政治比较开明，社会也很安定。但是刘盈优柔寡断，软弱无能，在位后事事受母亲吕雉的牵制，又在茅厕见到戚夫人成了“人彘”的惨状，导致了他抑郁而终。而死。五月丙寅，16 岁的刘盈继承了皇位，被称为汉惠帝。刘盈即位后实施“仁政”，减轻赋税，提拔贤人曹参为丞相，政治比较开明，社会也很安定。但是刘盈优柔寡断，软弱无能，在位后事事受母亲吕雉的牵制，又在茅厕见到戚夫人成了“人彘”的惨状，导致了他抑郁而终。

故事解析

怯懦是成功的敌人。怯懦破坏人的身体器官的功能，耗损人的精力，使人生病、短命。怯懦是一种消极心理，克服起来比较困难，这需要长久勇敢地进行自我的心性锻炼，它需要你敢于肯定自我、否定自我、超越自我

性格懦弱的人，他们遇事没有自恃之心，不敢相信自己，不能自己决断，不敢自己主张。在家中依赖父母，在外面依赖上司，不敢轻易表现自己，不敢创造自己。懦弱的人只会裹足不前，只有勇敢的人才能所向披靡。正如歌德说的：“你若失去了财产——你只失去了一点；你若失去了荣誉——你就丢掉了许多；你若失去了勇敢——你就把一切都丢掉了。”

故事穿越

宋徽宗赵佶是宋神宗的第十一个儿子，是宋朝的第八位皇帝。赵佶在位期间，十分追求奢侈生活，在南方采办“花石纲”，搜集各种奇花异石用来修建园林宫殿，崇信道教，自称“道君皇帝”，此外，他还任用贪官宦官横征暴敛，这激起了各地农民起义。其中以蔡京和童贯所引致的问题最为严重。

1125 年 10 月，金太宗遣南下攻打宋徽宗，宋徽宗在无法应付的时候，就赶忙把皇位传给了他的儿子宋钦宗，想让他的儿子来应对这件事情。自己则当上了“太上皇”，但宋钦宗也无法挽回局势，1126 年 8 月，金太宗再次命东、西两路军大举南下，兵部尚书孙傅把最后的希望放到了道士郭京身上，欲以“六甲法”破敌，但还是大败，金兵分四路乘机攻入城内，金军攻占了汴京。宋钦宗遣使臣何?到金营请和，但是宗翰、宗望两位大帅没有应允。

1127 年 2 月，金太宗下诏废徽、钦二帝，贬为庶人，这就意味着北

宋灭亡了，徽、钦二帝被俘北上，4月7日，曹才人在上厕所的时候，被金兵奸淫。8日，一些宫女到金兵帐中避雨时也被金兵奸淫了，甚至还死了很多。徽宗却无可奈何，途中因为食物匮乏，加上大风大雨，饿殍遍地。7月20日，二帝迁到中京，父子二人抱头痛哭。1128年8月21日抵达金上京会宁府。24日，二帝及北宋的男女俘虏都坦胸赤背，身披羊皮，跪拜太祖庙，行"牵羊礼"，在乾元殿拜谒金太宗。

故事微语

懦弱是人生的本性，但你要学会摒弃这种本性。人生总要经历风风雨雨，才能见到彩虹。当风雨来袭的时候，你必须放弃懦弱，勇敢面对，风雨兼程，这样才能战胜风雨，看到彩虹。苦难总爱盯上懦弱的人，就像小偷总是盯着胆小鬼一样。苦难也终会被坚强的人战胜，放弃懦弱恰恰是幸运的开始。

我们在命运安排的十字路口上徘徊，勇敢的人会很快做出抉择；而懦弱胆小的人，总是在选择中迷失自我，看着别人一个个走远直至消失。不愿做命运的奴隶，就要敢于战胜懦弱，只有不断地接受挑战，我们才能是命运的弄潮儿！

心灵箴言

懦弱是残忍之母。

——[法] 蒙台涅

人类最不道德之处，是不诚实与懦弱。

——[苏联] 高尔基

别让“消沉”在你心上占有一席之地；别让“懦弱”出现在你的嘴边话里；别让“倦色”爬上你额前眉际。

——[英] 马修·阿诺德

有些执着如匆匆过客，该放则放

故事话题

一对父子走在路上。儿子发现前方有一块大石头，他就皱着眉头停在石头前面。

父亲问他："为什么不走呢？"

儿子苦着脸说："这块石头挡着我路，我走不过去，怎么办？"

父亲说："路这么宽，你怎么不绕过去呢？"

儿子回答道："不，我不想绕，我就想要踏过这个石头，走过去！"

父亲："可你能做到吗？"

儿子说："我知道很难，但是我就要走过去，我就要打倒这块大石头，我必须战胜它！"

经过艰难的尝试，儿子一次又一次地失败了。

最后儿子很痛苦："连这个石头我都不能战胜，我如何能完成我伟大的理想？"

父亲说："你太执着了！你要知道，有些执着不如放弃。"

故事解析

执着，历来被认为是一种可贵的精神。但是，执迷不悟的固执，是否是一种自欺呢？因种种主客观因素导致梦想不可能实现，与其一意孤行地固执下去，不如正视问题，咬咬牙，勇敢地放弃。

有时候，执着不等于不懈努力，不等于胸怀理想，更不等同于百折不挠。执着不紧不会让你离成功更近，甚至，还会导致很多烦恼和苦难的发生。要想成功，就必须不懈努力，但是，很多人却误认为"执着等于成功"，这就大错特错了。

苍蝇执着吗？永远飞不过那块玻璃；驴子执着吗？永远跑不开那块盘磨。看不清形势，还不讲究方式方法，一低脑袋就向前冲，与其说那是"执着"，不如说是"执拗"。在有些问题上，过度的坚持，反而会是一种极大的浪费。

故事穿越

深山老林之中，一个身心俱疲的小伙子对一位道士说："我分不清什么时候该执着，什么时候该放弃，结果常常陷入犹豫不决的矛盾中，常常做错事，常常后悔。我不愿再后悔，所以想拜你为师。"道士说："道观是静修之地，不是逃避之所。如果你抱着这样的心态来拜我为师，只能说明你尘缘未了。"小伙子求道士指点迷津。

道士带他来到道观后院的花园里，指着一只蜘蛛说："这是什么？"小伙子说："蜘蛛。"道士说："你用指头捣破它的网。"小伙子小心翼翼地伸出指头，勾破了蜘蛛的网。他发现蜘蛛愣了一下，就迅速逃跑了。但不久，蜘蛛又回来把网给补上了。小伙子再次把网弄破，但蜘蛛不久又把网给补上了。道士问他："你明白了吗？"小伙子说："我明白什么叫"执着"了。但什么时候该放弃呢？"

道士又指着屋檐下的一个鸟巢说："这是什么？"小伙子说："鸟巢啊。"道士说："假如这鸟巢垒的不是地方，影响了人的出行，人们就会把鸟巢捣毁，那小鸟该怎么做？"小伙子说："那肯定要换一个合适的地方筑巢。"道士说："对，如果小鸟还在原地坚持筑巢的话，它永远都不可能有一个平安的家。"小伙子顿悟：如果导致失败的是化解不了的矛盾。那最好的办法应该是放弃执着，从新找正确的方向。

小伙子告别道士，迈着轻快的步子下山了。

故事微语

生活值得我们追求的东西很多，如果我们执着于那些毫无结果的东西上，拼命地追求那些虚无缥缈的东西，到头来无疑是竹篮打水一场空。如果说执着是一种精神。那么放弃就是一种勇气和境界。得不到的或不该得到的就应该果断放弃。我们不要把大好时光用在碌碌无为之中。

执迷不悟的执着是一意孤行的固执。不如正视现实勇敢地放弃那些让我们疲惫不堪却没什么必要的执着，一切就会变得单纯而明朗起来。

心灵箴言

执拗的人是一个极聋的演说家。

——[美] 纪伯伦

放弃那些狭隘的“固执”，从“抬杠”的胡同里走出来。

——谚语

执拗者福轻，而圆通之人其福必厚；急躁者寿夭，而宽宏之士其寿必长。

——谚语

放弃不代表半途而废

故事话题

1998 年，著名作家毕淑敏成为了心理学研究生。在几年的刻苦学习之后，离拿到心理学博士学位的日子越来越近了，但她考虑再三，最终在 2003 年 7 月决定放弃。这个选择让很多人感到意外和不解。

她冷静地对其他人说：“因为我不能去考外语、写论文。我担心一个几十万字的心理学博士论文写下来，我可能就不会写小说了。因为风格不一样，思维的训练也不一样。考外语，是一个死功夫。我想，生命对我这个年过五十的人来说是那么宝贵，不值得拿出半年时间专门去念外语，去应对考试。”

毕淑敏在放弃了争取心理学博士学位后，开始专注于自己的事业，还在北京西四环外开设了一家心理咨询中心。

放弃！
博士论文
证书
证书

故事解析

我们背负了太多的附件，这会让我们感觉到疲惫不堪，此时放弃也是一种美丽。放弃并不等于半途而废，人生的道路中，漂亮的鹅卵石太多，拥有了一些，就必须放弃一些。我们的背包中装下的应是有价值的，而不是一些琐碎的东西。而此时的放弃恰恰可以舒缓你的身体和心灵，轻装上阵，反而走得更高、更远。

放弃并不代表半途而废！在放弃中我们发现，生活如画，透着一股淡墨清香，生活如诗，挥洒出绚丽多姿，舍弃了人生的附件，我们就没有功名利禄的争夺，没有金钱利益的诱惑，一切繁杂荡然无存。

故事穿越

20 世纪 60 年代，日本松下通信工业公司曾斥巨额资产，用于开发大型电子计算机。但是在 1964 年，公司总裁松下幸之助突然宣布放弃这个项目。很多员工非常不解这个决定，认为这样的选择等于半途而废，是荒谬错误的。

然而，松下幸之助却这样分析："当时，大型电子计算机市场几乎被国际商业机器有限公司垄断，富士通、日立等公司也正在为抢占市场而费尽心机，此时涉足其中很难取得成果，公司的决策已经出错，继续错下去，就可能满盘皆输。”

事实也证明松下幸之助的放弃是明智的。他们既没有与国际商业机器有限公司抗争，也没有与富士通、日立为伍，而是专注于发展企业的传统产品，最终走出了自己的特色，也为自己争得了一席之地。

故事微语

放弃并不等于半途而废，而是一种智慧的选择。持之以恒的精神很可贵，但如果我们坚持、固守的东西是错误的，那么坚持到底的结果只能是一错再错。此时的放弃绝不等同于半途而废，如果方向错了，停下来就是前进。

世界如此之大，我们的选择也很多，一条道走到黑，不撞南墙不回头的结果往往会让人追悔莫及。人生太宝贵，我们要学会舍弃，舍弃那些不可能和已失去，没必要给自己太大压力，放弃之后的轻装上阵，可能会带给自己更美好的未来。

心灵箴言

固执己见的人往往做错事。

——[英] 丘吉尔

庸才之所以平庸就是因为他们的思想愚昧而固执。

——[美] 爱默生

科学工作千万不能固执己见。缺乏勇于认错的精神，是会吃大亏的。

——钱学森

第四篇

坚持原则：华彩人生无需妥协至尘埃里

我们常用“长袖善舞”或“八面玲珑”来形容交际场上的高手，这类人在具体处理某一件事时，首先考虑的就是：如何做才能赢得大家的好感。于是，他们就时时刻刻揣摩别人的想法，少了一份坚持原则的心。事实上，没有谁的人生总是要妥协到尘埃里。

维护自身利益是放弃的前提

故事话题

拉尼娜和贝思曼已经相识 20 多年了。贝思曼是一位离过婚的女人，孤身生活了十几年。最近，拉尼娜的丈夫通知拉尼娜，他要跟她离婚。拉尼娜搬到贝思曼的家中居住，她自己的房子被卖了。

贝思曼同情拉尼娜，想竭尽全力帮助她。为了减少拉尼娜的生活开支，她让拉尼娜跟她住在一起，分文不收。贝思曼用尽了自己所有的积蓄来满足拉尼娜的一切需要，但拉尼娜总是不满意。六个月过后，拉尼娜搬走了，从此以后，她们俩人再也没有说过话。这一事件使贝思曼感到，自己受到了伤害和虐待。

贝思曼告诉朋友说："我太快而且毫无保留地敞开自己的胸怀和钱包，慷慨地给予拉尼娜一切。我难以抑制自己的表现，可是，她的胃口愈来愈大。"

故事解析

在人们的日常交往中，可以和别人友好相处的人，往往不是最老实、最善良的人，而是表现得恰到好处，懂得维护自己利益的人。当他们保护自己的利益时，其他人也会尊重他们的所有权。

我们并不反对付出，但是，无论如何都要坚持自己的权利。你若随便让别人占你的便宜，你不仅会失去自己的利益，同时也失去了尊严。人应该慷慨，但是所有的慷慨都必须有尺度、讲原则的，任何人都不能轻视自己的利益。为了让自己更愉快地工作、学习、生活，一定要学会维护自身的利益。

故事穿越

罗兰吉斯这几天明显有些睡眠不足，他有太多的事情做。可是，当邻居贝曼请他过去帮忙弄一下电脑时，他说：“好!”

凯特请他帮忙抬电子琴到楼下时，他说：“行!”

吉利叫他帮忙照看一下自己的小孩时，他说：“可以。”

李丽娜要他为她的派对做张海报时，他说：“没问题!”

他的特点是几乎从不说“不”；而杰斯曼在这方面的风格习惯却与罗兰吉斯大不相同。

早上，西丽阿姨打电话来，问杰斯曼能不能陪她一起去看“苏富比”拍卖中国的古董，杰斯曼说：“不!”

中午社区报社打电话问杰斯曼能不能为他们的征文颁奖，杰斯曼说：“不!”

下午他大学的学生打电话来，问他能不能参加周末的餐会，他说：“不!”

晚上，某报社的传真过来问杰斯曼能不能写个专栏，他说：“不!”

当罗兰吉斯说四个“是”的时候，杰斯曼说了四个“不”!

你或许会认为杰斯曼是不近人情，可当事人并没有这种感觉。因为，他很讲究方式和技巧。当他说第一个“不”时，同时告诉了西丽阿姨：“下次拍卖古董，我会去。至于今天，因为我对家具、器物、玉石的了解不多，所以不可能提出好的建议。”

当杰斯曼说第二个“不”时，他说：“因为我已经做了评审，贵报又在最近刊登了有关我的新闻，且在一篇报道中赞美我而批评了另一位教授。如果我再去颁奖，怕要惹人猜测，显得有失客观。”

当他说第三个“不”时，他说：“因为最近患上了坐骨神经痛，必须在硬椅子上直挺挺地坐着，像是挨罚一般，久坐之后更是疼痛难耐，为了避免尴尬，以后找机会再聚吧！”

当他说第四个“不”时，他用传真告诉这家报社：“最近刚刚寄出一篇文章，专栏文章等以后再找时间写吧。”

故事微语

这世界上确实有很多人不会说“不”，他们或是怕让对方感到尴尬，或是不懂得拒绝。不敢说“不”的人，往往无法维护自己的利益。我们应该认识到，只有在你有并且表现出说“不”的能力时，别人才会感激你说的“是”；也只有在你懂得说“不”的情况下，才能积攒足够的实力说“是”。只有充满自信和原则的人，才懂得说“不”；也只有当别人知道你懂得说“不”之后，才会信任你所说的“不”！

一味地顺着别人的心意，不懂得维护自己的利益的人，终究也不会得到别人的尊重，因为此时，你所有的“是”，在别人看来都是一种理所当然。

心灵箴言

人的尊严，在于必要的拒绝。

——心武

朋友间当遵守以下法则：不要求别人寡廉鲜耻的行为，若被要求时则应当拒绝之。

——[古罗马] 西塞罗

不要害怕拒绝他人，如果自己的理由出于正当。当一个人开口提出要求的时候，他的心里根本预备好了两种答案。所以，给他任何一个其中的答案，都是意料中的。

——三毛

不苛求自己，不追求完美

故事话题

杰克是一个追求完美的人，有一天他无意之中见到了天使，他要求天使帮他完成很多心愿。最终天使答应给杰克一次机会，让他沿着一片玉米地走下去，不许回头，从中只能挑选一个最大的玉米。如果能挑到最大的，那么，天使就帮助杰克实现他最大的愿望。

于是，杰克兴冲冲地出发了。他每次看到一个大玉米，总是想，也许后面还有更大的。最后临到地头，只好随便挑了一个，而这个玉米比前边的许多玉米都要小。

杰克挑玉米失败的原因，就是太过于追求完美。所有的玉米，在杰克的眼里好像都不是太完美的。而事实上，相对最完美的玉米已被杰克忽略了。

天使安排这个节目是用心良苦的，他就是要告诉杰克，人生不可能非常如意，也不可能事事都完美。追求完美固然是积极的人生态度，但如果过分追求完美，就必然会产生浮躁心理。结果不仅不可能完美，甚至还会过犹不及、得不偿失。

故事解析

不要过分地追求完美，要给自己留点空间。过分地追求完美，择业时会失去最佳的岗位，择偶时会错过最美的姻缘，择友时会丢掉生死之交的伙伴。世界上有些东西可以失而复得，但有些东西一旦错过，就是穷其一生也无法再企及的。

我们不要过于苛求自己，也不要总是无法容忍别人的缺点。不吹毛求疵，不苛求自己，不追求完美，不以个人的爱恶喜厌为标准去与他人交往，这才是我们应有的正确的态度。

故事穿越

有个圆球不小心被磕掉了一块，它心里很难过，总想找到丢失的那一块，好让自己变得完美。可是，因为它的不完美，使它滚动起来比往常慢了很多，也因而领略了沿途的美丽风景，充分享受阳光的温暖，雨露的滋润。它一路上找到许多不同的碎片，但都不是原来那一块。它一直在执着地找寻……

直到有一天，它终于找到了属于自己的那一块碎片。然而，当它成了一个完整的圆球后，它滚得太快了，错过了沿路的风景，错过了阳光雨露……

当它感到完美不会使自己快乐的时候，毅然放弃了历尽千辛万苦找回的那一块碎片。

故事微语

生活中，我们不要因为缺憾而烦闷，应当乐观积极地去面对生活。这样你会发现，正是这个缺憾让自己拥有了别样的幸福。不要苛求自己如何完美。要想更轻松地生活，就必须学会不苛求自己，不追求完美，同时也没有人是完美无缺的。我们越早地接受这一事实，就越早地拥有轻松的心态。

法国大思想家卢梭曾说过："大自然塑造了我，然后把模子打碎了。"这句话听起来有点玄乎，但是说的很有道理，可惜很多人不肯接受这个已经失去模子的自我，于是就用自以为完美的标准，重塑自我，结果反而会丢了自我。

心灵箴言

甘瓜苦蒂，天下物无全美。

——墨子

既然太阳上也有黑点，"人世间的事情"就更不可能没有缺陷。

——[俄] 车尔尼雪夫斯基

为杰出而努力会激发你的斗志；为完美而奋斗会挫伤你的士气。

——佚名

做一个懂得拒绝的人

故事话题

大提琴是一种古老的乐器，在卡萨尔斯学琴的时代，流行的指法绝对不足以用来演奏巴赫无伴奏组曲。于是，他完全重整重建了一套新的指法，这才足以让大提琴再度和巴赫的乐谱连结呼应，从这个意义上来说，卡萨尔斯给了大提琴全新的生命。

卡萨尔斯是个音乐天才，然而他能改写大提琴历史，靠的不仅是音乐才能，更重要的应该是一种难得的“拒绝的智能”！

卡萨尔斯 10 岁的时候，他已经能够弹完巴赫《十二平均律》中的 48 首前奏曲与赋格曲。15 岁时，卡萨尔斯在王宫演奏，赢得了西班牙皇太后所赠的两年奖学金；他在念马德里音乐学院的同时，还可以随时进出皇宫，跟太子一起玩耍。然而，卡萨尔斯又拒绝了皇宫奢华生活的诱惑，前往比利时布鲁塞尔，找到了当时声名显赫的大提琴教授约克伯。

卡萨尔斯到约克伯的班上参加面试，约克伯用轻蔑的语气随口讲了几首冷门的曲子，纯粹是想难倒卡萨尔斯，想看他出糗。可是没想到的是卡萨尔斯每一首都会拉，而且还特别完美地演奏了冷门曲目中最冷门的一首。约克伯态度立刻转变，愿意让卡萨尔斯留下来当他的学生，并表示愿意提供一年奖学金。此时，卡萨尔斯却毫不客气地拒绝了。他只说自己不喜欢布鲁塞尔这座城市，他没说的是，他讨厌约克伯教授高傲、无礼的态度。

卡萨尔斯的拒绝，惹恼了西班牙王室，他们以中断奖学金威胁卡萨尔斯留在布鲁塞尔向约克伯学习大提琴。卡萨尔斯索性连西班牙王室的资助也拒绝了，转而到巴黎过起了贫困的生活。

1936 年，佛朗哥在西班牙建立了法西斯政权，卡萨尔斯再次坚决拒绝了西班牙。随后，他拒绝到希特勒和墨索里尼统治的德、意演奏；拒绝到已经和西班牙建交的英国演奏；1950 年，美国承认了佛朗哥政府，卡萨尔斯从此也再也不到美国演奏。

拒绝这个、拒绝那个，卡萨尔斯还有演奏的地方吗？他哪里都不去。他在比利牛斯山上的一个荒凉小镇上办自己的音乐节，这个音乐节连世界第一流的音乐家都竞相参加。没有人有过卡萨尔斯一样辉煌的“拒绝”纪录。透过“拒绝”，他维护了自己的尊严，让自己变得更高贵，这使得他演奏的音乐，透着一股决不妥协的骨气。靠“拒绝的智能”打造的卡萨尔斯，成为世界上最知名的大提琴演奏家。

故事解析

学会拒绝，有时候不仅代表着会失去很多，还代表着你选择了一条正确的路途而抛弃了一条黑暗的路线，此时你将收获更多。

不懂的拒绝别人的人会活得很辛苦，一味地接受同时也就丧失了原则。人生当中应该有很多拒绝：拒绝肤浅，拒绝憎恶，拒绝虚伪，拒绝假、恶、丑，……生活中，一条充满诱惑的大路在脚下延伸着，只有懂得拒绝的人才不会步入歧途，才可能会到达成功的彼岸，获得伟大的成就。

故事穿越

有个野心勃勃的军官一再请求迪斯雷利加封他为男爵。迪斯雷利知道此人才能超群，也很想跟他搞好关系。但军官不够加封条件，迪斯雷利无法满足他的要求。一天迪斯雷利把军官单独请到办公室里，对他说："亲爱的朋友，很抱歉我不能给你男爵的封号，但我可以给你一件更好的东西。"

迪斯雷利放低声音说："我会告诉所有人，我曾多次请你接受男爵的封号，但都被你拒绝了。"

这个消息一传出，大家都称赞军官谦虚无私、淡泊名利，对他的礼遇和尊敬也远远超过了任何一位男爵。这名军官因此由衷感激迪斯雷利，后来成了他最忠实的伙伴和军事后盾。

故事微语

我们要学会说不，很多时候拒绝名利，会赢得更多人由衷地尊重。过于追求名利，这会让我们失去更多。懂得拒绝权势的人会让大家认为是"谦虚无私、淡泊名利"，此时不是比有权势更加让人敬佩吗？

一个不懂地拒绝的人也不会得到别人的肯定，一味地接受只会让自己活得很辛苦，拒绝也是一种艺术，拒绝不必要的负担，拒绝没必要的挫折，拒绝一味地顺从，或许从此之后你的人生更加轻松，人生的路也越走越顺利。

心灵箴言

不做可耻之事，即使有人请求也不行。

——[罗马] 西塞罗

人要活出自信，活出自我。

——张晓东

我们支配自己的命运，若我们受制于人，那错不在命运，而在我们自己。

——[英] 莎士比亚

善良和慷慨都贵在有节制

故事话题

寒冷的冬天里，一个农夫无意之中看见一条正在冬眠的蛇，误以为这条蛇冻僵了，就把这条蛇拾起来，小心翼翼地揣进怀里，用温暖的身体想唤醒这条蛇。可是这条蛇受了惊吓，被吵醒了。等到它彻底苏醒过来，便出于自卫的本能，用尖利的毒牙狠狠地咬了农夫，这导致了农夫的死亡。

农夫在临死前痛悔地说："我欲行善积德，但学识浅薄，结果害了自己，遭到这样的报应。"

故事解析

善良要有节制，不要对任何人、任何事情都善良，这样只会害苦了自己。农夫对蛇慷慨的善良害死了自己，如果他懂得节制自己的善良和慷慨，就绝对不会出现这样的情况。我们在日常生活中不是也如此吗？

如果一味地慷慨和善良，而不分任何场合和人的话，只会纵容黑恶势力，而此时我们需要做的就是节制我们的慷慨和善良。不要盲目的施舍，选择好对象，适时恰当地展示自己的善良和慷慨。

故事穿越

从前，有个捕鱼人每天都会早早地到海边网鱼。这天上午，他连撒了 3 次网，都没有什么收获。当他最后一次收网的时候，感觉太沉重了，鱼网好像和海底粘在一起。捕鱼人费了很大的力气，才把网拉上来，结果发现是一个很沉重的金瓶。

瓶口的铅封上盖着所罗门的印章。“里面究竟装着什么东西呢？”好奇怪的捕鱼人决定打开来看看。捕鱼人取出刀子，撬开铅封。没隔多久，从瓶口里冒出一缕青烟，在空中一阵摇动后，竟变成了一个青面獠牙的恶魔！捕鱼人看见这个巨大的怪物，浑身颤抖，不知如何应付。

忽然，恶魔跪了下来，说道：“所罗门啊，别杀我，我再也不敢违背您的命令了。”

捕鱼人稍一定神，装着胆子说：“所罗门已经死了1800年了，现在是另一个时代。你有什么故事？你为什么被关在这个瓶子里”

“你这个可恶的捕鱼人，这些都不是你该问的！我立刻就送你一死！”说着，恶魔马上露出一副凶相，一步步逼近捕鱼人。

捕鱼人急忙说：“我何罪之有，竟有此报应。”

“看在你救了我的份上，我就把一切告诉你吧！我曾与所罗门作对，他便把我装进了瓶子里，扔进了这个大海！我在海里住了1000年，心想：‘如果有人把我救出来，我必将使他终身荣华富贵。’可是，1000年过去了，没有一个人来救我。1800年了，始终没有人来救我。因此，我发誓谁要是在这个时候把我救出来，死法任其选择，但是他必须得死！”

捕鱼人思考片刻，对恶魔说：“死之前，我还有个问题。我想知道，这个瓶子怎么能容的下你这么庞大的身躯呢？”

恶魔说：“好吧！那我就让你在死之前长长见识。”说完钻进了瓶子里。

捕鱼人立刻把盖子盖好，并在瓶盖上附上“内有恶魔”的标签，把他连同金瓶子一起丢到了大海里。

故事微语

所有的善良和慷慨都必须以节制为前提，帮助不该帮的人，有时候反而会害了自己。出于天性，在生活中，很多人都很容易同情那些不知名的穷人。为他们解囊，比对我们认为是自己的“亲人”要容易得多。然而，这种过分的慷慨，并没有带来好的效果。

对很多人来说，似乎是你给予他们的越多，他们越是心安理得。因此他们还会变得懒惰、贪婪，此时我们最需要做的就是节制我们的善良和慷慨，以免害人害己。

心灵箴言

节制是最好的医术。

——[美] 博恩

节制使快乐增加并使享受加强。

——[希腊] 德谟克利特

节制能增加乐趣，更增大快乐。

——[希腊] 德谟克利特

光阴如梦，无需取悦他人

故事话题

有一天，师徒二人赶着一匹马进城，徒弟在前，师父在后，半路上有人笑他们：“真笨，有马竟然不骑！”师父觉得有理，便叫徒弟骑上马，自己走路。

走了不久，又有人说：“真是不孝的徒弟，竟然让自己的师父走路！”师父赶忙叫徒弟下来，自己骑上马背。

走了一会，又有人说：“真是狠心的师父，自己骑马，让徒弟走路，不怕把徒弟累死？”师父连忙叫徒弟也骑上马背，这下子总该没人有意见了吧！

谁知又有人说：“两个人骑在马背上，不怕把那瘦马压死？”师徒俩赶快溜下马背，把马四只脚绑起来，一前一后用杠子抬着。经过一座桥时，马因为不舒服，挣扎了一下，结果掉到河里淹死了。

故事解析

很多人做人做事就像这故事里面的师父一样，过于在乎别人的看法。别人说什么，他就听什么，无论是什么意见总是采纳，结果呢？无论如何做，总有人对自己不满意。

总想取悦他人的人最后往往忘记了自己需要什么，陷于无所适从、进退维谷的泥沼，还总是失望于不可能满足每个人的要求，做不到面面俱到。没有原则的人往往经不住他人的挑唆，不能坚持自己的原则，最后落得可悲的下场。

故事穿越

晋平公曾经问祁奚："南阳地方没有长官，谁适合去补这个缺？"祁奚回答说："解狐适宜。"平公问："解狐不是你的仇人吗？"祁奚回答："您问的是谁适宜，并不是问的谁是我的仇人呀。"平公说："很好。"依着祁奚任命了解狐。国都里的贵族都称赞平公任命对了人。

隔了一些时候，平公再次问祁奚："国家缺少了军事统帅，谁适宜担任这个工作？"他回答说："祁午适宜。"平公问："祁午不就是你的儿子吗？"他回答："您问的是谁适宜，并不是问的谁是我的儿子呀"。平公说："很对。"又依着祁奚任命了祁午。国都里的贵族都称赞平公任命得好。

故事微语

祁奚坚持自己正确的观点，不取悦任何人，任人唯贤，这种做法也使他得到了大家的尊重。而有些人却总是想方设法的取悦别人，但是他不可能顾到每一个人的面子和利益，他认为顾到了，别人却不这么认为，甚至根本不领情。

做事，谁也不可能顾及所有人的立场。因为每个人的主观感受和需要都有所不同，所以任何事情都不能保证所有人的满意。一味地想取悦所有人的结果就是：一是为了面面俱到，反而让自己疲惫不堪。因为怕对方不满意，就要小心察颜观色，揣摩他的心思，活的辛苦。二是别人摸透了你欲面面俱到的软肋，便会得寸进尺地向你索取。

心灵箴言

走自己的路，让别人说去吧。

——[意] 但丁

有勇气做真正的自己，单独屹立，不要想做别人。

——林语堂

要克服生活的焦虑和沮丧，得先学会做自己的主人。

——佚名

第五篇

顾全大局：学会在一念间进行灵活取舍

每个人都是独立的个体，没必要总是和其他人比较。做自己适合做的事情，即使一时成功不了，只要有规划地进行，坚持下去也必有收获；即使没能取得巨大的成功，也不至于一无所获。不比较，顾全大局，学会灵活地取舍，专心地走自己的路，这就是成功的秘诀。

着眼点要大，懂得作壁上观

故事话题

着眼点要大，懂得作壁上观

大黄狗忠心耿耿看家守门，就是对捣蛋的老鼠束手无策。听说邻村的“捕鼠大王”刚下了一窝猫崽，大黄狗趁猫妈妈没防备时，偷偷将最健壮的小花猫抱回家来精心抚养。小花猫很快长大了，大黄狗以为从此鼠患可除了，谁知小花猫根本不会捕老鼠，见了小老鼠都吓得牙齿直打战。

大黄狗想：嘿，“捕鼠大王”怎么会生出这种窝囊废！它悄悄潜入“捕鼠大王”家打探动静，只见猫妈妈正在作捕鼠示范，小花猫们全神贯注地看猫妈妈表演：猫妈妈几次放走老鼠，又几次扑上去将它捉回来，等到老鼠半死不活时，就丢给小花猫，让它们练习，掌握捕老鼠的要领，猫妈妈在一旁指挥，纠正小猫扑杀的姿势……

大黄狗明白了，原来，要想小花猫能捕老鼠，还得反反复复做示范呢！可自己不会捕老鼠，怎么办？请别人辅导也不行，因为小猫是偷来的，让其他动物知道了太没面子了！没奈何，大黄狗只好自己作示范。它让小花猫认真观看，自己奋力把老鼠赶得满屋子跑，速度越来越快，老鼠突然钻进墙洞，大黄狗用力过猛，一头撞到墙壁上，鼻子都撞歪了，小猫乐得“妙乎妙乎”喝倒彩。

大黄狗发火了，高价雇佣臭鼬对准鼠洞放臭屁，老鼠受不了啦，钻出洞来慌慌张张蹿到房梁上。大黄狗也拼命想爬到房梁上，才爬到一半便四脚朝天跌翻在地，小花猫抿着嘴巴差点笑破了肚皮。

大黄狗恼羞成怒，请毒蛇上房梁把老鼠赶下来。这老鼠偏偏不肯下地，反而趁它们不注意钻到房顶上。大黄狗急了，“狗急会跳墙”，它屏住呼吸，猛地一跃跳到了墙头，再一个腾跃便上了屋顶。

左邻右舍见了都说这大黄狗发疯了，都拿着石头打大黄狗。

大黄狗可怜巴巴地说：“别打了，别打了，我在捉老鼠呢！”

“狗拿耗子，多管闲事！”大家一齐呐喊，还是用石头打它。

大黄狗无可奈何地跳了下来，赶紧把小花猫还给了猫妈妈：“猫姐姐，对不起，小花猫是属于您的，您好好调教吧！”

故事解析

在很多时候，我们要学会作壁上观，给自己包揽很多不必要的责任，不仅会让自己过得很累，而且会占用自己很多时间，而这些时间，我们完全可以做自己可以胜任的事情。俗话说：人各有所长。拿老鼠是猫的特长，不是狗的特长，狗的特长是看家，而当狗把猫擅长的事情都揽到自己身上的时候，有时候就会显得很可笑。最终也是取得不了好的结果。

我们在平时也要尽可能多发挥自己的擅长，不要大包大揽自己不擅长的事情。

故事穿越

山村里有一户人家，白天男主人出去干活，家里只有一只懒花猫和一条花斑狗。

每天早上，不诚实的懒花猫一看见主人外出干活，就在家门前呼呼大睡！这时，耗子一看见懒花猫在睡觉，就一群一群，悄悄地去家里找东西，弄得家里乱七八糟，还有家具至少都有一至五个缺口，那是因为调皮的耗子没事干，所以乱咬的。

忠实的花斑狗看见了，每天都烦得要命。这一天，花斑狗跑去懒花猫那，用脚推了推懒花猫，懒花猫打着鼾说："什么事啊！忠实明星？"花斑狗说："懒猫！别睡了，你看家里，耗子成群结队，都在吃食物，咬家具，弄得乱七八糟，多不卫生啊！"懒花猫说："你别管。"花斑狗又用脚推了推懒花猫，懒花猫生气了，说："别管闲事了，看你的门去，别吵我了，再吵我，我对你不客气！"哎，无可奈何的花斑狗又看了看家，愁眉苦脸地走到门前趴下。

这时，不知好歹的耗子笑花斑狗，好像说花斑狗是无能鬼，连懒花猫都怕。

花斑狗立刻怒气冲天，满脸通红，跑去了家里。三下五除二就把几只耗子咬死了，其他耗子看见了，害怕得要命，四处逃散。花斑狗又使出浑身解数，不一会儿，耗子一个个被花斑狗杀得片甲不留。

花斑狗欢呼着，但又因太累，笑着睡着了。

突然，主人回来了，他看见精神十足的花猫把耗子尸体堆在一起，高兴极了，他再回头看花斑狗，却踢了花斑狗一脚，花斑狗嗷嗷地叫着跑开了。

故事微语

花斑狗把原来属于懒花猫的责任全部揽到自己身上，结果也没有获得主人的认可，反而以为是懒花猫把耗子们都给咬死了。做人也是这样，要懂得作壁上观。

“事不关己高高挂起”有时候也有一定的道理，一味地往自己身上揽责任，不懂得发挥自己擅长的事情，不但取得不了认可，有时候还会遭到误解。助人为乐也要有度，首先把自己的本职事情做好。

心灵箴言

人有热心肠，招揽是非多。

——谚语

事非关己休多管，话不投机莫强言。

——谚语

别人没有向你询问打听，你何必喋喋不休纠缠人。

——佚名

留一些小便宜给别人占

故事话题

20 世纪 40 年代，李嘉诚的父亲死了，李嘉诚作为长子，为养家糊口而放弃了学业，去了一家钟表公司打工，之后又成为了一家塑胶厂的推销员。其他同事每天的工作时间在 8 小时，而李嘉诚却每天工作 16 个小时，天天如此，无一例外。

李嘉诚每天的工作时间是其他同事的 2 倍，看着是吃亏了，但结果是，李嘉诚只花了一年时间，业绩便远远超越其他几位同事，成为公司的销售冠军，他当时的销售成绩，是第二名的 7 倍。一年后，他成为了销售公司总经理。

李嘉诚有句名言：“有钱大家赚，利润大家分享，这样才有人愿意与你合作。假如拿 10% 的股份是公正的，拿 11% 也可以，但是如果只拿 9% 的股份，就会财源滚滚。”

把更多的利润让给别人，看起来是件非常吃亏的事，可也因为这一点，才会有更多的人想与“吃亏的人”合作，生意自然没有做不大的道理。结果，“吃亏的人”才是占了最大“便宜”。

故事解析

世界是公平的，也许你今天吃了一点小亏，但你却从中学会了忍耐和坚强，正是今天的忍耐和坚强为你明天的成功铺就了道路。留些小便宜给别人占，不仅能给自己获取好人缘，还会让其他人愿意和你合作，如果一次把自己吃成了胖子，学不会细水长流，那么，也就给自己丧失了很多机会，想要成功也就变得难得多。

人生在世，凡事都不要仅从个人利益得失方面去考虑。我们难免有时总会患得患失，有时得到的，不一定就是好事，失去了，也并不一定是坏事。学会留些便宜给别人占恰恰是一种人生哲学，为自己留了条后路。

故事穿越

有一年，35 岁的美国人休斯顿在斯图尔市的闹市区内租了门面房，准备从事水果批发生意，以此来发掘自己人生的第一桶金。

在此之前，休斯顿没有任何的经商经验，他曾在一家小公司干了 7 年的仓库保管员。但他有远大的志向，不想一辈子都为别人打工，他想成就一番事业。

谁也没想到，休斯顿的水果批发生意和其他人都不一样，他经营的所有水果价格均是全市最低价。本来，质优价廉是一件好事，但业内的人都吃惊于一点——休斯顿的水果批发价格之所以能成为行内最低，仅仅因为休斯顿的水果全部都是以零利润出售的。也就是说，休斯顿不仅没有任何的利润可言，还要每月赔上房租、水电等费用。

休斯顿果真是没有任何经商经验，居然会干出这样的傻事。面对同行的嗤笑和亲友的质问，休斯顿也没有做什么解释，始终坚持以零利润经营水果批发生意。更让人吃惊的是休斯顿又将自己所有的工作积蓄全部取出来，在斯图尔市开始涉足首饰加工业和服装干洗业，而且，仍然是零利润经营。

所有人都认为休斯顿是不是脑子进水了——世间哪会有人这么傻？不可否认，休斯顿所经营的生意，确实是回头客特别多，无论是水果批发，还是首饰加工和服装干洗方面，他的生意都是最为繁忙的，但谁都清楚一个不争的事实，那就是虽然休斯顿的生意火爆，但是休斯顿必须付出不断赔本的代价。很多人预测，休斯顿支撑不了多久。

事实也正印证了人们的预测，一年之后，休斯顿停止了自己所有的生意，将所有的店面都关掉了。

之后，休斯顿迅速筹措了资金，新开了一家店面，而且是全市独一无二的店面——经营中国什锦。这次，休斯顿没有再坚持零利润的经营思路。

休斯顿的中国什锦生意从开业之初，就首先吸引了消费者的眼球，加之什锦品种繁多、质量优异，休斯顿的什锦生意做的越来越好。不到半年时间，他就连开了 5 家分店。有人嗅到了商机，看着休斯顿的什锦如此

火爆，也开了类似的店面，但他们都奇怪地发现，几乎所有购买什锦的客户都会到休斯顿的店里购买，很少有人会光顾别家。无奈，其他的什锦店铺只得草草收场。

很多人都觉得休斯顿特别幸运，称他这个“成事不足，败事有余”的小子在什锦生意上却“瞎猫撞上了死老鼠”。其实，真正的“幸运”只有休斯顿知道：自己的成功并非是他们所说的“瞎猫撞上了死老鼠”，而是完全靠自己高超的经营智慧以及对人性的精确掌握。

原来，休斯顿从一开始就决定做中国的什锦生意。只不过，他清醒地知道，要想让当地民众认可中国什锦，且能让自己的什锦生意做强

大，除了产品的质量和价格够硬外，还必须打造属于自己的个人品牌。因此，休斯顿在前期的三个行业里都以零利润的经营方式博取民众的深刻印象。时间长了，所有消费者的潜意识里就认为：休斯顿出售的东西，价格都是最优惠的。在行内人看来，休斯顿“零利润”经营的背后是不断地赔钱，而在消费者心目中，“休斯顿”三个字俨然早就成为最实惠的品牌代言。

休斯顿的零利润经营方式貌似有点愚蠢，但经过了他聪明的市场运作和对人性的精确分析，却成了绝妙的智慧体现：眼前的损失算不上什么，个人的品牌魅力和长期回报才是真理。

故事微语

在利益面前，人性的贪婪就会赤裸裸地暴露出来。有的人见利忘义，唯利是图，可能会取得短暂的成绩，但是时间不是太久，他就会被淘汰。

相反，大公无私、吃亏让人、脑袋缺根筋的人却可以把生意做得很长久。其实，每个人在维护自己利益的同时，也应该维护别人的利益，或者说在维护自己利益的时候，千万不要损害其他人的正常利益，多为别人的利益得失考虑。留一些小便宜给别人占，这也是在为自己创造利益，是一种经商的大智慧。

心灵箴言

难得糊涂。

——郑板桥

海纳百川，有容乃大，壁立千仞，无欲则刚。

——林则徐

唯养母嘱咐我的两句话终生难忘，一句是“要想知道，打个颠倒”，另一句是“吃亏是福，占便宜是祸”。

——牛根生

不置身于无谓的争吵中

故事话题

两位大学时代的同窗好友，毕业后同时进入了演艺圈，一位选择当经纪人，另一位则当了歌手。由于二人都特别有才华，再加上都特别勤奋，很快就在各自的领域站稳了脚跟。

有一次，经纪人想帮歌手出张唱片，彼此都很高兴。但是，这位经纪人一向对歌手要求都很严格，在唱歌过程中，对自己的同窗好友也毫不客气地加以指责。有一天，经纪人因为歌手的几个音节总是唱不好，不禁冲着老同学大发脾气，那句口头禅也随之脱口而出："我从来没见过这么烂的歌手！"那位歌手也是一个好强的人，一听此话，脸色苍白，当即走回休息室，不肯继续唱歌。

经过众人的劝说，经纪人来到休息室，对同窗好友说："你知道，人在生气时，难免出口伤人，可是冷静下来想想……"那位歌手见老朋友是来道歉的，不禁把头抬得高高的。经纪人见此，竟然支支吾吾讲不出后面的话来，过了半天才突然说："我……我想了想……还是觉得你是个很烂的歌手！"此话一出，结果可想而知，那位歌手退出这部唱片，两人从此绝交。

一句话葬送了两个人同窗好友多年的感情，结下了一辈子的疙瘩。

故事解析

无谓的争吵可以毁掉多年的友谊，我们不要去做那些愚蠢的、无效的、无益的、无意义的，甚至是有害、有伤、有损、有愧的事。人一生有许多事要做，做一点有价值有意义的事总好过把自己置于无谓的争吵之中。

无谓的争吵不仅不会解决任何问题，反而会激化问题的矛盾。我们不妨在争吵前，静下心来想想，有没有必要争吵，争吵后的结果是什么？如果没必要争吵，争吵后的结果只会更糟糕，那么，就不要置身于这些无谓的争吵中。

故事穿越

十月革命以后，由于对沙皇积怨很深，数以万计的农民来到莫斯科，坚决要求烧掉沙皇住过的房子。列宁得知这件事之后，指示干部们对这些农民进行说服教育。

第一次劝告，农民不听；接连几次的劝告仍然没有任何效果。最后列宁只好亲自和农民谈话。

列宁对农民们说："烧房子可以。在烧房子以前，让我讲几句行不行？"

农民们说："请列宁同志讲。"

列宁问："是什么人给沙皇造的房子？"

农民们说："是我们农民造的。"

列宁再次问："我们自己造的房子，不让沙皇住是理所当然的事。让我们农民代表住，好不好？"

农民们说："好！"

列宁问："那要不要烧掉呀？"

农民们觉得列宁讲得很有道理，就再也不说烧房子了。列宁让农民接受了自己的意见，也保住了房子没有被烧掉。

故事微语

智者总能在谈话中得到一连串的"是"。而如果列宁一开始就否定农民们的行为，恐怕后果不堪设想，房子恐怕被烧掉了，和农民们的关系也会搞僵。

真正好的办法不是激化矛盾，而是解决矛盾，而显然，无谓的争吵不可能解决任何矛盾，我们应该向列宁学习，不用无谓的争吵来解决问题，学会用智慧的方法来化解矛盾，让一切事情向好的那方面发展。

心灵箴言

智慧意味着以最佳的方式追求最高的目标。

——[英] 大哈奇森

智慧是宝石，如果用谦虚镶边，就会更加灿烂夺目。

——[苏联] 高尔基

智慧是不会枯竭的，思想和思想相碰，就会迸溅无数火花。

——[俄] 马尔克林斯基

不比较，专心地走自己的路

故事话题

某市刑侦队对新来的一批刑警进行了业务培训。培训期间，学员们组织了一个排球队。刑侦队的领导下班后，常来看他们打排球。教官们便悄悄地告诉他们，要在球场上好好表现，刑侦队的领导对他们每个人的印象，将会决定他们集训后的岗位分配。

年轻的小伙子们明白，他们职业生涯中第一次竞争已经无声地拉开了序幕。于是在认真受训之余，他们都在排球场上拼命地表现自己。每个人都希望通过自己出色的技术动作、团结合作的打球精神引起刑侦队的领导的注意。

当别人在排球场上越战越勇时，他们中有一个学员却越来越灰心，他从小就对排球不感兴趣。他的排球技术也是特别差，每当他上场打球后，观众席里就会因为他的失误传出阵阵笑声。有一次，他分明看到领导朝着他的方向摇头。

他不想当别人的笑料，也不甘心自己的技术之差，下决心苦练球技。每天，一有空闲，他就会到排球场里练习。可他发现，如果没有天赋和兴趣，压力再大，他也没法打好球。比赛时，他被人嘲笑成为了家常便饭。他对自己感到失望了，他不甘心，自己刚一上班，就成了领导和同事眼中的小角色。

有一天，他无意之中看了一本书，书上有句话深深震撼了他：“不要把你的钱投在不熟悉的领域。”他脑海里瞬间引申出另一句话：“不要在必败的领域里和人竞争。”他幡然醒悟：“我为什么非要打排球呢？我并不具备打好排球的身体素质！更重要的是，我对排球没有任何兴趣可言。” 最后，他毅然退出了排球队。等到比赛开始时，他成了一名观众，与普通观众不同的是，他手里多了台高清照相机。

没过几天，一篇名为《新刑警的一天》的短文刊登在当地报纸上，文章里还配上了他们打排球的照片。这篇文章立刻引起了学员们的注意，更引起了教官和刑侦队领导的注意。此后，这名学员在报纸上继续发表了一系列作品。集训结束后，刑侦队领导直接把他调进了政治部宣传科，他的职业生涯此后并不比那些善于打排球的小伙子们差。

故事解析

很多人在生活中活得十分痛苦，究其根源大都是因为他们总是和别人比较，不专心走自己的路。一位哲人说：“做一个一流的砖瓦匠，也比其他行业的二流人物好得多。”聪明的人懂得走适合自己的路。

每个人都具有独特的、与众不同的生理和心理特点，也总存在着一些适于他做的工作。为了获得成功，为了生活得更好，有必要更多地了解和更准确地认识自己的特点，更多地了解自己的长处以及短处。因而要取得成功，就要把奋斗的目标定位在自己所热衷的事情上，不能盲目选择自己兴趣不大或者毫无兴趣的事。

故事穿越

以前一个村庄里有一个老爷爷，带着十几岁的小孙子，拿着一筐柿子到市集去卖。

天空不作美，烈日当头照。爷爷与孙子热得汗流浃背。走了半晌，遇见几个学生模样的人，学生模样的人说："嘿！这俩人傻得可爱！大热天拉着筐柿子却不吃。宁可在大太阳下爆晒，也不愿吃几个柿子清热解暑！"老爷爷一听，就忙叫小孙子吃柿子，自己顶着烈日往前走。

又遇见一群乘凉的人，那些乘凉的人说："哎！年纪轻轻地吃柿子，老头却顶烈日前走，真是可惜了！"老爷爷一听，自己也立马加入到吃柿子的"行列"中去了。

过了一会儿，又有人走了过来，说："老头子！你和小孙子拉着空筐上哪去？"老爷爷一听，回过头去看："啊！柿子呢？"老爷爷惊讶地叫道。过了一会儿才明白过来：是自己与小孙子将一筐柿子给吃了！弄了个得不偿失。

故事微语

无论做什么事，都要有自己的主见。不要总是和别人比较，要专心走自己的路。一味地听别人的意见和看法，早晚会迷失了自己的人生方向。

生活中很多人之所以很努力也无法取得成功，或者成就不大，有很大一部分原因，就是这些人没有清楚地认识到自己所处的环境和自身条件，结果很多人盲目地去做并不适合自己的事情，失败或没什么成就就会成为必然。因为羡慕别人的成功或是其他原因而做不适合自己的事情，也肯定不会取得成功。

心灵箴言

听人之语，走己之路。

——谚语

成见不可有，定见不可无。

——谚语

想出新办法的人，在他的办法没有想出以前，人们总说他是异想天开。

——[美] 马克·吐温

制订长久之计，懂得合作共赢

故事话题

马克思与恩格斯这两位革命巨人之间的友谊，是世界上最伟大的友谊。马克思对恩格斯的才能十分钦佩，说自己总是踏着恩格斯的脚印走。而恩格斯也总是认为马克思的才能要比自己强很多，在他们的共同事业中，马克思是第一提琴手，而自己最多算是第二提琴手。《资本论》这部经典著作的写作及出版，就是马克思与恩格斯伟大友谊的结晶。

1848 年大革命失败后，恩格斯不得不回到曼彻斯特的营业所，继续从事商务活动。这让恩格斯很懊恼，他曾不止一次地将它称为“该死的生意经”。并且不止一次地表明决心：永远摆脱这些事，去干他喜爱的政治活动和科学研究。然而，当恩格斯想到：被迫流亡英国伦敦的马克思一家经常以面包和土豆充饥，过着贫困的生活时，他就抛开弃商念头，咬紧牙关，坚持下去，并取得了成功。这样做，为的是能在物质上帮助马克思，从而使马克思，

也使共产主义运动最优秀的思想家得以保存，使《资本论》早日著成

并得以出版。

于是，每个月，有时甚至是每个星期，恩格斯都会把一张张1英镑、2英镑、5英镑或10英镑的汇票从曼彻斯特寄往伦敦。1864年，恩格斯成为曼彻斯特欧门--恩格斯公司的合伙人，自此对马克思大力援助。几年后，他将公司合伙股权卖了出去，每年赠给马克思350英镑。这些钱加起来，远远超过了恩格斯的家庭开支。

对于马克思来讲，这是为了对刚刚兴起的科学社会主义进行有效的指导，为了揭露资本主义的根本缺陷，才接受了恩格斯金钱上的帮助。马克思和恩格斯之间有世上最伟大的友谊，他们所有的一切，无论是金钱或是学问，都是不应该分彼此的。

虽然他们彼此分开了20年，但他们在思想上的共同生活并没因此终止。他们每天要通信，谈论政治和科学问题。甚至于在一段时间里，马克思把阅读恩格斯的来信看作是最愉快的事情。他常常拿着恩格斯的信自言自语，好像正在与恩格斯进行交谈。

“嗯，不对，反正情况不是这样……”

“在这一点上你对了！”

马克思有时候甚至会说着说着就高兴得流出了眼泪。

1867 年 8 月 16 日，这是一个伟大的日子。这天凌晨两点，马克思向恩格斯报告说：《资本论》 第一卷所有的校对工作，都已结束。他特别的兴奋，写信对恩格斯说：“这一卷能够完成，只是得力于你！没有你为我而作的牺牲，这样三大卷的大部头著作，是我不能完成的，我拥抱你，感激之至！”

《资本论》 在 1867 年 9 月 14 日于德国汉堡出版，这是整个国际工人运动中，最具有意义的大事，也是两位巨人合作共赢的结晶。

马克思在病重期间，曾对女儿爱琳娜说，希望恩格斯能为他尚未出版的《资本论》 第二卷和第三卷“做出点什么”来。当然，假使马克思没有提出这样的要求，恩格斯也会这样去做。

马克思在 1883 年逝世了，从此，整整 10 年，恩格斯放下自己的工作，全力从事《资本论》后两卷手稿的工作，包括手稿的整理、出版、补充材料等，此外恩格斯还重新撰写了一些篇章，因此《资本论》才得以在 1885 年和 1894 年问世。

故事解析

有人曾经说过“一枝独秀不是春”。是啊，一个人的能力是有限的，如果不善于与他人合作，和他人交流，就不能取得巨大的成就，甚至于难以适应时代的发展，落得被淘汰的结局。在竞争日益激烈的现代社会，善于合作是功成名就的基础。合作是一种比知识更重要的能力，它可以体现一个人品质与风采，是预测一个人是否会取得成功的重要标准。

如果没有马克思和恩格斯的合作，怎么会有《资本论》 的问世？这是他们共赢的结果。一个人的力量总归是有限的，只有把别人的力量结合起来，才会获取不俗的成就。所以我们也要像他们学习，制订长久计划，懂的合作共赢。

故事穿越

有人曾经说过“一枝独秀不是春”。是啊，一个人的能力是有限的，如果不善于与他人合作，和他人交流，就不能取得巨大的成就，甚至于难以适应时代的发展，落得被淘汰的结局。在竞争日益激烈的现代社会，善于合作是功成名就的基础。合作是一种比知识更重要的能力，它可以体现一个人品质与风采，是预测一个人是否会取得成功的重要标准。

如果没有马克思和恩格斯的合作，怎么会有《资本论》的问世？这是他们共赢的结果。一个人的力量总归是有限的，只有把别人的力量结合起来，才会获取不俗的成就。所以我们也要像他们学习，制订长久计划，懂的合作共赢。

故事微语

我们强调团队意识和团队精神，其实质就在于强调一种合作共赢的精神，我们每一个人都应该充分地了解到自己是团队中的一分子，自己有责任和义务为了整个团队的利益而互帮互助，因为只有团队胜利了，成员才会取得胜利。只有懂得合作，才能获得共赢。没有合作也很难获得成功。

不懂的合作的人是很容易被击垮的，他们只有自己的力量，缺不善于结合别人的力量，终究也不会成大器，而一个善于制定长久计划，懂得合作的人，终究会取得不俗的成就，正如那句老话：三个臭皮匠赛过诸葛亮。

心灵箴言

放弃协作，就等于自动向竞争对手认输。

——[美] 卡耐基

松下不能缺少的精神就是协作，协作使松下成为一个有战斗力的团队。

——[日] 松下幸之助

协作对于今天的企业而言，就是生命。没有协作精神的员工会对企业极不负责任。

——[意大利] 鲁索

心灵榜样微史话

陶渊明

陶渊明，约 365—427，东晋，字元亮，晚年又名潜，号“五柳先生”，私谥“靖节”（死后由朋友刘宋著名诗人颜延之所谥)，故世称靖节先生，浔阳柴桑（今江西九江）人。出身于没落仕宦家庭。东晋末期南朝宋初期伟大的诗人、辞赋家、散文家。唐人避唐高祖讳，称陶深明或陶泉明。

陶渊明曾任江州祭酒，建威参军，镇军参军，彭泽县令等，自做彭泽县令八十多天便弃职而去，从此归隐田园。陶渊明是中国第一位田园诗人。有《陶渊明集》。被称为“千古隐逸之宗”。曾祖父陶侃，是东晋开国元勋，军功卓著，官至大司马，都督八州军事，荆、江二州刺史、封长沙郡公。祖父陶茂、父亲陶逸都做过太守。

杨振宁

杨振宁，任清华大学高等研究院教授，20 世纪物理学大师，1957 年诺贝尔物理学奖得主，时持旧中国护照，为中国国籍。原籍安徽省凤阳。

1942 年毕业于西南联合大学物理学系，1944 年在西南联合大学研究生毕业，1945 年考取清华大学后赴美留学，在芝加哥大学深造，获博士学位。历任芝加哥大学讲师、普林斯顿高级研究院研究员、纽约州立大学石溪分校教授兼物理研究所所长，是中国科学院外籍院士、美国科学院院士、中央研究院院士、俄罗斯科学院院士、教廷宗座科学院院士、巴西科学院院士、 委内瑞拉科学院院士、西班牙皇家科学院院士、英国皇家学会会员等。

1956 年与李政道合作，提出“弱相互作用中宇称不守恒理论”，共同获 1957 年诺贝尔物理学奖。在粒子物理学方面，他在 1954 年与密耳斯共同提出的“杨--密耳斯场理论”，提出非阿贝尔规范场理论。在统计物理学、凝聚态物理学、量子场论、数学物理学等领域做出多项卓越的重大贡献。

居里夫人

玛丽·居里，1867—1934，原名玛丽·斯克沃多夫斯卡，通常称为居里夫人，是原籍波兰的法国著名女科学家、物理学家、化学家。1867 年 11 月 7 日生于波兰首都华沙，1891 年随姐姐布洛尼斯拉娃至巴黎读书。在巴黎取得学位并从事科学研究，是巴黎和华沙“居里研究所”的创始人。

1903 年，居里夫妇和贝克勒尔由于对放射性的研究而共同获得诺贝尔物理学奖，1911 年居里夫人又因发现钋和镭而获得诺贝尔化学奖。成为历史上第一个两获诺贝尔奖的人。玛丽·居里的成就包括开创了放射性理论，发明分离放射性同位素技术，以及于 12 月 21 日发现两种新元素钋和镭。在她的指导下，人们第一次将放射性同位素用于治疗癌症。居里夫人是成功女性的先驱，她的典范激励了很多人。

为了全心投入到科学研究之中，居里夫人放弃了很多社交活动，她说：“我生活中永远是追求安静的工作和简单的生活。”

李开复

李开复，祖籍四川，1961 年 12 月 3 日出生于台湾省新北市中和区，中国台湾人，现已移居中国大陆北京市。

李开复曾就读于卡内基梅隆大学，获计算机学博士学位，后担任副教授。他是一位信息产业的经理人、创业者和电脑科学的研究者。曾在苹果、硅图美国硅图公司、微软和谷歌等多家信息技术公司担当要职。2009 年 9 月从谷歌离职后创办创新工场，并任董事长兼首席执行官。

李开复曾经放弃了全美综合排名第三的哥伦比亚大学的政治科学专业，而遵从自己的爱好，转入计算机专业学习，最终使他成为 IT 业界的精英。

比尔·盖茨

比尔·盖茨，美国微软公司的前任董事长。首屈一指科技天才，大慈善家、环保人、与保罗·艾伦创办微软公司，曾任微软首席执行官和首席软件设计师，持有公司超过 8%的普通股，是公司最大的个人股东。1995 年到 2007 年的《福布斯》全球亿万富翁排行榜中，比尔·盖茨连续13年蝉联世界首富。2008年6月27日正式退休，但仍作微软董事长保证公司的运营，并把580亿美元个人财产捐到比尔和梅琳达·盖茨基金会。2012年9月19日，《福布斯》2012年美国富豪排行榜发布，比尔·盖茨第19次蝉联美国首富桂冠。2009年，比尔·盖茨超越沃伦·巴菲特成为世界首富，是在2008年之后首次夺回了世界首富宝座。

2014年2月4日，比尔·盖茨卸任董事长一职，出任公司技术顾问。2014年3月13日表示不赞赏斯诺登的揭秘方式，认为可以选择更谨慎的方式来揭发问题。

列夫·托尔斯泰

列夫·托尔斯泰是19世纪中期俄国批判现实主义作家、文学家、思想家，哲学家。世袭伯爵，曾参加克里米亚战争。返回雅斯纳·亚波利亚纳的农庄后致力于农民教育。1862年结婚后，创作了俄罗斯文学史上的巨著《战争与和平》《安娜·卡列尼娜》。1879年经历了一次信仰危机后信奉和平主义，主张以勿抗恶的方式对社会进行改革。并否定自己以前的作品。因执着于自己的信念使家庭关系恶化，死于出奔途中。其作品多达45卷。名著还有长篇小说《复活》、戏剧《黑暗的势力》和若干短篇小说和评论。

列夫·托尔斯泰的文学传统不仅通过高尔基而为苏联作家所批判地继承和发展，在世界文学中也有其巨大影响。在文学创作和社会活动中，他提出了“托尔斯泰主义”，对很多政治运动有着深刻影响。

刘备

刘备，161—223，字玄德，东汉末年幽州涿郡涿县人，西汉中山靖王刘胜的后代，三国时期蜀汉开国皇帝，政治家，史家又称他为先主。

刘备少年与公孙瓒拜卢植为师求学，而后参与镇压黄巾起义。与关羽、张飞先后救援过北海孔融、徐州陶谦等。陶谦病亡后将徐州让与刘备。

刘备早期颠沛流离，投靠过多个诸侯，后于赤壁之战与孙权联盟击败曹操，趁势夺取荆州，而后进取益州，建立蜀汉政权。陈寿评刘备机权干略不及曹操，但其弘毅宽厚，知人待士，百折不挠，终成帝业。刘备自己也曾说过，自己做事“每与操反，事乃成尔”。

公元 221 年，刘备在成都称帝，国号汉，年号章武，史称蜀或蜀汉，占有今四川、云南大部、贵州全部，陕西汉中和甘肃白龙江一部分。

公元 223 年，刘备病逝于白帝城，终年 63 岁，谥号昭烈皇帝，庙号烈祖，葬惠陵。后世有众多文艺作品以其为主角，在成都武侯祠有昭烈庙为纪念。

松下幸之助

松下幸之助是日本著名跨国公司“松下电器”的创始人，被人称为“经营之神”“事业部”“终身雇佣制”“年功序列”等日本企业的管理制度都由他首创。

上世纪 60 年代，日本松下通信工业公司曾投入巨额资金，用于大型电子计算机开发。但是在 1964 年，公司总裁松下幸之助突然宣布放弃这个项目。松下幸之助这样分析：当时，大型电子计算机市场几乎被国际商业机器有限公司垄断，富士通、日立等公司也正在为抢占市场而费尽心机，此时涉足其中很难取得成果，公司的决策已经出错，继续错下去，就可能满盘皆输。

事实证明松下幸之助的决定是明智的。他们既没有与国际商业机器有限公司抗争，也没有与富士通、日立为伍，而是专注于发展企业传统产品，走出了自己的特色之路。

李嘉诚

李嘉诚，原籍广东潮州潮安，祖籍福建莆田，长江实业集团有限公司创始人、董事局主席。

1928 年生于广东潮州，1940 年为躲避日本侵略，全家逃难到香港。1958 年开始投资地产。1979 年购入老牌英资商行“和记黄埔”，成为首位收购英资商行的华人。1981 年获选“香港风云人物”和太平绅士。1989 年获英国女王颁发的大英帝国勋章勋衔、1992 年被聘为港事顾问、1993 年度香港风云人物、1995 年至 1997 年任特区筹备委员会委员。自从 1999 年被福布斯评为全球华人首富以来，连续 15 年蝉联华人首富宝座。

李嘉诚有句名言：“有钱大家赚，利润大家分享，这样才有人愿意与你合作。假如拿 10%的股份是公正的，拿 11%也可以，但是如果只拿 9%的股份，就会财源滚滚。”这也正是他能蝉联华人首富的原因。

马克思

马克思，全世界无产阶级的伟大导师、科学社会主义的创始人。伟大的政治家、哲学家、经济学家、革命理论家、社会学家、革命家。主要著作有《资本论》《共产党宣言》。他是无产阶级的领袖，是当代共产主义运动的先驱。支持他理论的人被视为马克思主义者。

马克思最广为人知的哲学理论是他对于人类历史进程中阶级斗争的分析。他认为几千年以来，人类发展史上最大的矛盾与问题就在于不同阶级之间的利益掠夺。依据历史唯物论，马克思曾大胆地假设，资本主义终将被共产主义所取代。

马克思和恩格斯有伟大友谊，从 1883 年马克思逝世时起，整整 10 年，恩格斯放下自己的工作，尽力从事《资本论》后两卷手稿的整理、出版，补充了许多材料，重新撰写了一些篇章，使《资本论》得以在 1885 年和 1894 年问世，而这也是两个人合作的结果。

心灵修养用语微解

冲动：多指做事鲁莽，不考虑后果。感情特别强烈，理性控制很薄弱的心理现象。可表现为行为上的，也可表现为思想意识上的。

获得：得到，取得；捕得。焦赣《易林·既济之大有》：“蒙庆受福，有所获得，不利出域。”邹韬奋《我们的灯塔》：“民族未解放，个人何以获得自由？”例句：他获得了建筑学的学位证书。

放弃：1. 流放；贬黜。2. 弃置；抛弃。近义词：舍弃，抛弃，丢弃。反义词：把握，坚持，胜利。《楚辞·刘向〈九叹·思古〉》：“操绳墨而放弃兮，倾容幸而侍侧。”《史记·乐书》：“放弃《诗》《书》，极意声色，祖伊 所以惧也。”

洒脱：道家哲学。形容非常潇洒、豪放，无拘无束，举止或行动自然，不受拘束。《老残游记续集遗稿》第六回：“我看逸云那人洒脱得很。”郭沫若《芍药及其他·银杏》：“那是多么的嶙峋而又洒脱呀，恐怕自有佛法以来也不曾产生过像你这样的高僧。”

专心：意指用心专一，一心不二 。亦指专一之心。语出《韩非子·忠孝》：“专心于事主者，为忠臣。”《后汉书·马援传》：“初，嚣遣臣东，谓臣曰：’本欲为汉，愿足下往观之。于汝意可，即专心矣。’”《史记·苏秦列传》：“大王诚能听臣，六国从亲，专心并力壹意，则必无强秦之患。”

懦弱：害怕面对眼前的事实·逃避事实，胆小怕事。《三国演义》第七回：“今董卓专权，天子懦弱，海内大乱，各霸一方。”明冯梦龙《东周列国志》第五十二回：“归生素性懦弱，不能决断，闻宋之言，大惧曰：’汝意欲何如？’”曹禺《北京人》第一幕：“她非常懦弱，任何事都拿不定主意。”

等待：不行动，直到所期望的人或事出现。元·宫天挺《范张鸡黍》

楔子：“哥哥，您兄弟在家杀鸡炊黍，等待哥哥相会。”明·刘基《送医士贾思诚还浙东》诗之二：“还山须种千株杏，等待仙华道士来。”沈从文《萧萧》：“这件事情既经说明白，照乡下规矩，倒又像不甚么要紧，只等待处分，大家反而释然了。”柳青《铜墙铁壁》第十五章：“天晴了，山水也落了，部队在等待命令行动。”

现实：现在或现实是质量的即时空间分布。就内涵方面而言：现在或现实是质量的即时空间分布。它的运动相对于无限小时间段而言被视为静止。即现在物或现实物在无限小时间段内只与其质量分布有关，而与其运动无关。即现在或现实只与物有关而与事无关。如果从与精神的关系方面来定义：现在或现实是进入精神记录前的瞬间质量分布。就外延方面而言：现实包含所有的现实物件。现实物件是占空有界，拥量有限的。

感恩：即感谢，一种是指餐前、餐后对上帝表示感谢的一种仪式；另一种则是内心对生命、对生活的一种感激之情。《三国志·吴志·骆统传》中写道：“飨赐之日，可人人别进，问其燥湿，加以密意，诱谕使言，察其志趣，令皆感恩戴义，怀欲报之心。”可以说，感恩不仅仅是一种处世哲学，也是生活中的大智慧。一个智慧的人，不应该为自己没有的东西斤斤计较，更不应该一味索取和使自己的私欲膨胀，而是要学会感恩，为自己已有的而感恩，感谢生活给予你的一切。这样你才会有一个积极的人生观，才会有一种健康的心态。

不思进取：出自清梁启超《饮水室合集·文集》意思说不想努力上进，不想有所作为，安于现有的工作和生活的状态

凌霜傲雪：形容不畏霜雪严寒，外界条件越艰苦越有精神。比喻经过长期磨练，面对冷酷迫害或打击毫不示弱、无所畏惧。宋·李曾伯《声声慢·和韵赋江梅》：“修洁孤高，凌霜傲雪，萧然尘外丰姿。”

以德报怨：出自《论语·宪问》：“或曰：以德抱怨，何如？”子曰：“何以抱怨，以德报德。”《老子六十三章》：“大少多少，抱怨以德，”指用总结公正的眼光看待与别人的仇恨。

作壁上观：壁：壁垒，古时军营四周的围墙。观：旁观。原指双方交战，自己站在壁垒上旁观。比喻置身事外，在旁不协助任何一方。近

义词：袖手旁观、隔岸观火、置身事外、事不关己，高高挂起。反义词：见义勇为、拔刀相助、蹑足其间、亲与其事。

合作共赢：指交易双方或共事双方或多方在完成一项交易活动或共担一项任务的过程中互惠互利、相得益彰，能够实现双方或多方的共同收益。例句：这次“广交会”为世界各国的贸易商们真正搭建了一个合作共赢的良好平台。

知足常乐：谓自知满足则心常快乐。语本《老子》：“祸莫大於不知足，咎莫大於欲得，故知足之足常足矣。”况周颐《蕙风词话》卷二：“委心任运，不失其为我。知足常乐，不愿乎其外。”王西彦《古屋》第一部四：“一个快乐主义者首先得有知足的修养，就是古训所谓’知足常乐’。”

长久之计：计：计划，策略。长远的打算，且这个成语多用于否定句中。出处：《战国策·赵策》：“岂非计久长，有子孙相继为王也哉。”《汉书·元帝纪》：“东垂被虐耗之害，关中有无聊之民，非长久之计。”示例：冯梦龙《东周列国志》第五十五回：“申叔时时为庄王执辔在车，乃献计曰：’宋之不降，度我不能久耳。若使军士筑室耕田，示以长久之计，宋必惧矣。’”

作壁上观：壁：壁垒，古时军营四周的围墙。观：旁观。原指双方交战，自己站在壁垒上旁观。比喻置身事外，在旁不协助任何一方。近义词：袖手旁观、隔岸观火、置身事外、事不关己，高高挂起。反义词：见义勇为、拔刀相助、蹑足其间、亲与其事。

乐观积极：泛指一个人对周围人与事物正面的认知取向的心理品质，显现为人格的性格特征。其突出表现为自信乐观、耐受挫折等特质。这类人认知准确，内驱力旺盛，有意识的动机明显，有稳定的情绪、情感和坚定的意志，能理性辨别诱因，积极地看待挫折，辩证地对待得失。

合作共赢：指交易双方或共事双方或多方在完成一项交易活动或共担一项任务的过程中互惠互利、相得益彰，能够实现双方或多方的共同收益。例句：这次“广交会”为世界各国的贸易商们真正搭建了一个合作共赢的良好平台。